AF355900

PETIT TRAITÉ

D'APICULTURE

TYP. HENNUYER, RUE DU BOULEVARD, 7, BATIGNOLLES.
Boulevard extérieur de Paris.

PETIT TRAITÉ
D'APICULTURE

OU

ART DE SOIGNER LES ABEILLES

(MOUCHES A MIEL)

CONTENANT

DES NOTIONS SUCCINCTES DE LEUR HISTOIRE NATURELLE ;
LE GOUVERNEMENT DES ESSAIMS ;
L'EMPLOI DES RUCHES LES PLUS AVANTAGEUSES ;
LA MANIÈRE DE FAÇONNER
LE MIEL, LA CIRE ET L'HYDROMEL.

Orné de 50 figures intercalées dans le texte

PAR H. HAMET,

APIPHILE,

Membre de plusieurs Sociétés agricoles,
Continuateur du cours de Lombard.

PARIS

LIBRAIRIE AGRICOLE DE A. GOIN,
QUAI DES GRANDS-AUGUSTINS, 41.

LIBRAIRIE ÉLÉMENTAIRE DE CH. FOURAULT,
RUE SAINT-ANDRÉ-DES-ARTS, 47.

1856

C'est par les petits livres que la science
se vulgarise. Pourrait-il en être autrement, lorsque ces sortes de publications
joignent à l'avantage d'être concises celui non moins grand d'être à bon marché ?

On ne saurait donc trop en publier.

Mais, pour que les petits livres de
science pratique renferment un ensei-
gnement fructueux, il faut qu'ils contiennent un certain nombre de figures pour
l'intelligence de leur texte souvent ra-
courci.

Aucun petit traité d'apiculture n'ayant
encore paru dans ces conditions, j'ai cru

devoir publier celui-ci, dans lequel on trouvera toutes les figures nécessaires à l'initiation des connaissances apiculturales.

Puisse-t-il contribuer à vulgariser le goût et la culture des abeilles ; c'est le but que je me propose.

PETIT TRAITÉ
D'APICULTURE

CONSIDÉRATIONS SUR L'APICULTURE.

AVANTAGES QU'ELLE PRÉSENTE.

L'*Apiculture* (culture des abeilles) est aussi productive qu'intéressante. Je ne crains pas d'affirmer que c'est la branche de l'économie agricole qui procure les plus beaux bénéfices avec le moins de débours, lorsqu'elle est faite avec savoir et intelligence, et que la localité est favorable. Elle est faite avec savoir toutes les fois que celui qui s'y adonne est éclairé sur les soins qu'il doit donner aux abeilles et sur les opérations qu'il peut pratiquer sur les ruches. Elle est faite avec intelligence quand ces soins sont appliqués et ces opérations pratiquées en temps convenable et avec art.

Lorsque l'on veut faire de l'apiculture par spéculation, il faut d'abord étudier, tant sous le rapport des fleurs et des produits qu'elles peuvent donner que sous celui du débouché de ces produits, la localité où l'on veut placer son rucher et opérer ; il faut ensuite étudier la manière de procéder de ceux qui possèdent déjà des abeilles et observer leur mode de culture, afin de les imiter dans ce qu'a de rationnel ce mode et d'en rejeter le reste, c'est-à-dire d'innover là où la méthode suivie est défectueuse.

Si l'on pense que tel ou tel système de ruche convienne mieux que celui en usage dans la localité, on l'adoptera ; mais on ne l'adoptera définitivement qu'après plusieurs essais, et surtout des essais comparatifs avec d'autres ruches perfectionnées. On se fiera peu aux dires des auteurs et des *ruchomanes*, qui prétendent que la ruche qu'ils ont inventée, améliorée ou copiée est la meilleure et la seule bonne.

On ne se fiera pas davantage aux recettes et aux secrets merveilleux que prétendent posséder seuls quelques *habiles*. La science n'a point de secrets particuliers et ne connaît de sorciers que ceux qu'elle fait.

Dans les localités où les produits sont abondants et leur placement avantageux, on peut obtenir jusqu'à 40 pour 100 et même plus de bénéfice sur les capitaux consacrés à l'industrie abeillère. Mais beaucoup de localités favorables donnent moins, parce que les produits sont inférieurs et qu'on ne sait pas en tirer parti ; parce que souvent ils sont mal préparés ; parce qu'enfin l'apiculteur ambitieux prend trop aux ruches et les affaiblit tellement qu'il les perd l'hiver ou n'en obtient rien l'année suivante. C'est ainsi qu'on n'a souvent que 10 ou 15 pour 100 lorsqu'on pourrait avoir le double et même le triple. Les bénéfices n'atteignent pas ce chiffre dans les localités qui n'ont pas de fleurs ni de bois, et où la culture est spécialement en céréales ou en vignes. C'est à force de soins qu'on parvient à obtenir quelques résultats dans ces localités. Il en est même où les bénéfices sont insignifiants, mais ce sont les plus rares.

La culture des abeilles est toujours avantageuse, lors même qu'on ne la fait pas par spéculation, c'est-à-dire lorsqu'on ne se propose pas de vendre ses produits. Il n'est point de ferme, point d'habitation rurale environnée de prairies naturelles ou artificielles, de bois, de landes, de fleurs mellifères enfin, qui ne puisse avoir un rucher d'une trentaine de ruches, lesquelles produiront annuellement au moins 100 kilos de miel, qu'on saura toujours utiliser, soit comme condiment ou douceur propre à la préparation et à la conservation de fruits confits, soit enfin au façonnement de boissons pour l'usage de la maison.

Si le miel n'est plus indispensable comme condiment, que le sucre remplace la plupart du temps, il l'est encore dans la préparation de certains sirops, pour l'édulcoration des tisanes et pour ses usages dans la médecine vétérinaire ; il est très-utile employé au façonnement de boissons alimentaires pouvant, jusqu'à un certain point, remplacer le vin. On sait que les hydromels liquoreux valent les bons vins du Midi. A Paris et en Angleterre, on fabrique avec des vins inférieurs et du miel des vins fins factices, des madères et des alicantes qui, s'ils n'ont pas le bouquet des vins naturels, ne laissent pas que d'être très-sains et très-bienfaisants, avantage que n'ont pas toutes les boissons factices. Avant l'introduction de la vigne en France, la boisson la plus en usage était la boisson au miel : chaque ferme avait son rucher, dont le miel était employé à façonner la boisson de la famille; ce qui se faisait autrefois peut encore se faire aujourd'hui.

Dans les localités où le miel est à bas prix, on peut avec avantage le convertir en eau-de-vie ou en vinaigre.

Que l'on cultive des abeilles par spéculation, pour ses usages domestiques, ou par agrément, il ne faut pas augmenter le nombre des ruches au delà des ressources locales si l'on veut les voir fructifier. Mais on peut toujours augmenter la population des ruches, en mariant ou réunissant les essaims faibles.

Il faut se garder d'étouffer, ainsi que le font encore trop d'apiculteurs, les abeilles des ruches que l'on veut récolter, ou de celles qui n'ont pas assez de provision pour passer la mauvaise saison. Comme je viens de le dire, il faut les réunir à celles que l'on veut conserver.

Les ruches bien peuplées ont un avan-

tage immense sur celles qui le sont peu :
elles supportent beaucoup mieux la mauvaise saison et prospèrent davantage dans
la bonne ; elles essaiment plus tôt et
donnent des essaims plus forts ; elles ne
sont presque jamais attaquées de la fausse
teigne ni de la plupart des affections auxquelles sont sujettes les ruches faibles.
Une population forte ne consomme guère
plus de miel en hiver qu'une faible. Deux
populations séparées consomment presque le double de ce qu'elles consomme-
raient réunies. S'il leur faut à chacune 9 kil.
de miel pour passer la mauvaise saison,
c'est-à-dire 18 pour les deux, il n'en faudra
que 10 lorsqu'elles seront réunies. Ainsi
donc, on ne saurait avoir de trop fortes
populations, d'autant plus qu'il arrive
toujours, même dans les localités les
moins favorables, qu'à un moment de l'année le miel est si abondant qu'il ne peut
être récolté entièrement faute d'abeilles
en nombre suffisant pour le faire. Il n'y
a que les populations fortes qui profitent
largement de cette abondance momentanée
de miel.

On peut toujours et avec avantage réunir deux et même trois populations avant

l'hiver, c'est-à-dire au moment où, dans beaucoup de localités, on fait la récolte des ruches grasses. On peut également, au moment de l'essaimage, marier ensemble deux et trois essaims faibles et retardés. Le plus souvent, mieux vaut réunir les essaims seconds, ou les rendre à leur mère ruche, que de les conserver isolément. C'est presque toujours aussi une mauvaise spéculation de faire la récolte entière des ruches quand on ne se propose pas d'en réunir les populations ; il vaut mieux ne faire d'abord qu'une récolte partielle et la réitérer si la saison est favorable. Les ruches à calottes et à hausses se prêtent bien à ces récoltes partielles.

Toutes les années ne produisent pas également du miel, la récolte est subordonnée aux circonstances atmosphériques. Quelquefois les fleurs n'en donnent abondamment que pendant un temps très-court, et si les abeilles ne sont pas nombreuses pour le recueillir, ce miel est perdu, et les ruches faibles n'ont pas acquis de poids. On voit, dans les moments où le miel abonde, des ruches bien peuplées augmenter de 2 ou 3 kilog. par jour, tandis que des ruches voisines peu peuplées gagnent à peine un demi-kilogram. Une semaine est alors suffisante aux premières pour amasser au delà de leurs provisions, tandis que ce temps peut à peine procurer une demi-récolte aux dernières. Les premières assurent enfin un bénéfice à leur possesseur, qui est obligé de nourrir les autres, s'il veut les conserver jusqu'à la saison nouvelle. Triste spéculation, lorsqu'il faut nourrir les ruches !

J'insiste sur les populations fortes, parce que toute réussite, tout succès en apiculture en dépend.

Assurément on ne trouvera pas dans un aussi petit volume que celui-ci la théorie complète de la science apicole, tout ce qu'il importe de savoir sur l'apiculture, qui se divise en grande et en petite, en sédentaire et en pastorale, en apiculture de producteur et en apiculture d'amateur; car chacune de ces divisions a des principes particuliers, dont la réunion exige un livre plus volumineux. Nous renvoyons à notre *Traité complet.*

I.

Connaissances préliminaires. — Fonctions de chaque sorte d'abeilles composant une ruche. — Construction des cellules ou alvéoles.

Essaim ou colonie d'abeilles. — On appelle *essaim de mouches à miel* une famille ou colonie d'abeilles logée dans une ruche. Souvent on donne le nom du contenu au contenant, et l'on dit une ruche et même un panier ou un vaisseau d'abeilles pour une colonie ou famille de ces insectes.

Sortes ou genres d'abeilles composant un essaim. — Un essaim se compose de trois sortes d'abeilles en été : 1° une femelle ou mère, appelée improprement *reine*; 2° des *mâles*, au nombre de cinq cents à deux mille, et quelquefois plus; 3° des *ouvrières* ou femelles atrophiées, qui forment le gros de la colonie et auxquelles on donne plus spécialement le nom d'abeilles. Le nombre d'ouvrières varie beaucoup : il est de quinze à vingt mille dans une bonne ruche ordinaire. On en compte environ quatre mille dans un demi-kilogramme.

Fonctions de la mère. — La mère abeille (*fig.* 1), plus grosse et plus allongée que l'ouvrière, s'en distinguant aussi par sa couleur plus brillante, n'a d'autre fonction que celle de pondre. Quelques jours après sa naissance, elle se fait féconder (une fois

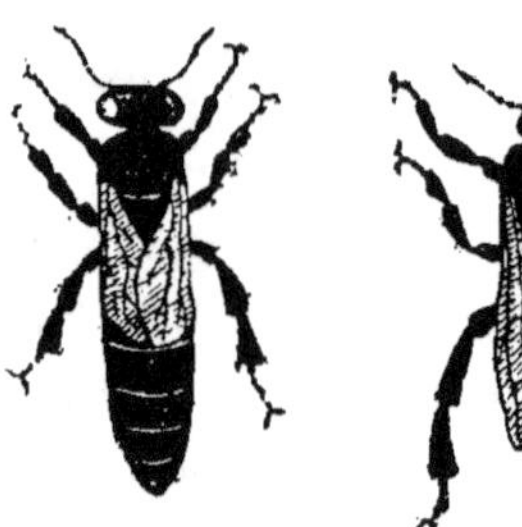

Fig. 1.   Fig. 2.   Fig. 3.
Mère abeille.   Mâle.   Abeille ouvrière.

pour toute son existence, qui est de cinq à six ans) par un mâle qu'elle choisit dans une excursion en plein air. Deux jours après, elle commence à pondre des œufs d'ouvrières dans les cellules les plus petites et les plus nombreuses; puis, des œufs de mâles dans des cellules plus grandes; et enfin, des œufs destinés à donner des mères dans des cellules particulières et peu nombreuses.

Lorsque les femelles ne sont pas fécondées dans les premiers quinze jours de leur existence, leur ponte est défectueuse; quand elles ne s'accouplent qu'après le seizième jour, elles pondent autant de mâles que d'ouvrières, et quand elles ne s'accouplent qu'après le vingtième jour, elles ne pondent plus que des mâles. La mère a un aiguillon dont elle ne se sert que contre ses rivales, qu'elle ne souffre pas. Elle ne va jamais à la picorée et se tient au milieu des abeilles lorsqu'elle n'est pas occupée à pondre.

Fonctions des mâles. — Le mâle ou faux bourdon, ainsi appelé à cause du bruit qu'il fait entendre en volant (*fig.* 2), est plus gros et plus noir que l'ouvrière, et moins long que la mère. Il a pour fonction de féconder la mère. Un seul a cet insigne et funeste honneur, et meurt après. Cependant on attribue encore aux mâles celle d'entretenir la chaleur des ruches dans certaines circonstances. C'est ainsi qu'ils se tiennent ordinairement sur le couvain, ce qui leur a fait autrefois donner le nom de couveuses. Ils sortent vers le milieu de la journée, non pour butiner, ce qu'ils ne sauraient faire, mais pour se livrer à des courses vagabondes. C'est dans ces courses qu'a lieu leur rencontre avec les femelles qui cherchent à se faire féconder. Ils n'ont point d'aiguillon. Quelque temps après l'essaimage, ils sont mis à mort par les ouvrières. Leur existence est donc de deux ou trois mois seulement, lorsqu'elle pourrait être aussi longue que celle de l'ouvrière.

Fonctions des ouvrières. — L'abeille ouvrière (*fig.* 3), moins longue et moins grosse que la mère, moins grosse aussi que le mâle, est chargée de tous les travaux extérieurs et intérieurs de la ruche, et les accomplit avec sa trompe, son estomac, ses mandibules et ses pattes. Elle va aux champs butiner le miel, le pollen et la propolis, et construit dans la ruche des édifices pour recevoir son butin et élever une nombreuse progéniture. Elle a un aiguillon pour sa défense et vit environ un an.

L'organe le plus important de l'ouvrière, c'est son double estomac (*fig.* 4), dont la première partie *a b* sert de réservoir ou poche pour recevoir le miel ; la deuxième *c* digère la nourriture que l'abeille absorbe pour entretenir sa vitalité et pour élaborer la cire ; *e* est le canal qui conduit les résidus ou déjections à l'anus *f*.

Travaux des abeilles. — Aussitôt qu'un essaim d'abeilles a été logé dans une ru-

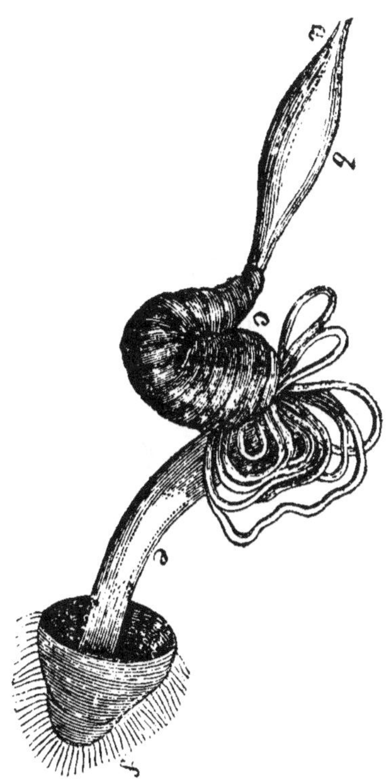

Fig. 4. Double estomac de l'abeille ouvrière.

che, il se groupe dans la partie supérieure, où il se suspend en formant une sorte de grappe, et commence la construction de ses édifices. Pendant que des ouvrières élaborent la cire, matière grasse et onctueuse qu'elles sécrètent entre les anneaux de leur abdomen, et posent les premiers fondements des rayons ou gâteaux, d'autres parcourent l'habitation pour l'appro-

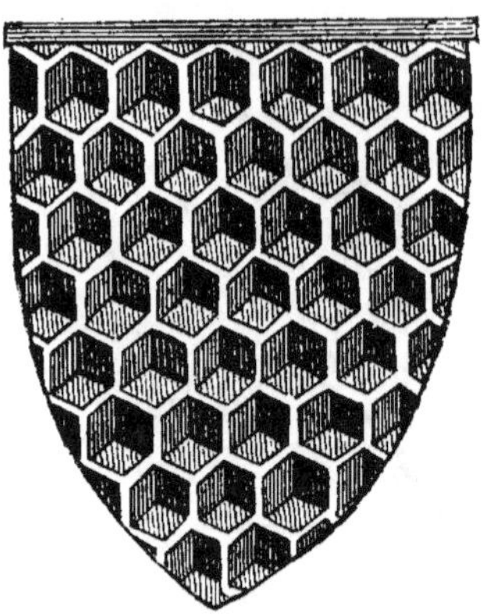

Fig. 5. Rayon ; cellules ou alvéoles.

prier; on en voit bientôt sortir un grand nombre qui vont butiner dans les champs le nectar des fleurs et la miellée des feuilles, qu'elles rapportent dans leur premier estomac et qui sert à leur nourriture, et une matière gommeuse appelée propolis,

qu'elles rapportent aux pattes postérieures,
et avec laquelle elles bouchent les fentes
et les trous du local, à l'exception du pas-
sage destiné à l'entrée et à la sortie. Elles
en emploient aussi pour attacher leurs
rayons, qu'elles commencent par la partie
supérieure, et qu'elles prolongent en des-
cendant verticalement. Bien qu'on donne
indifféremment le nom de rayon, de gâ-

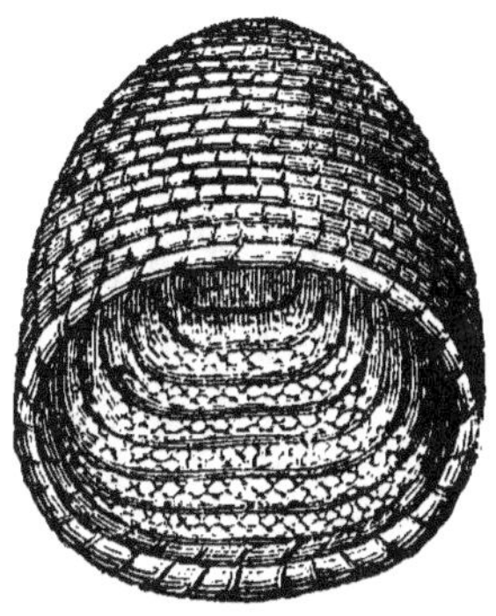

Fig. 6. Ruche à demi penchée, laissant voir
des rayons réguliers et parallèles.

teau et de couteau aux édifices des abeilles, on nomme plus volontiers couteau la
partie de cire qui renferme le miel, et gâteau celle où il y a du couvain. Rayon est
la dénomination commune.

Les rayons (*fig.* 5) sont une réunion

d'alvéoles ou cellules hexagonales dont les abeilles commencent par faire le fond et dont elles allongent graduellement les côtés. Elles commencent plusieurs rayons à la fois, et sur les deux faces des rayons, plusieurs cellules. Ces rayons sont le plus souvent parallèles entre eux (*fig.* 6 et 7)

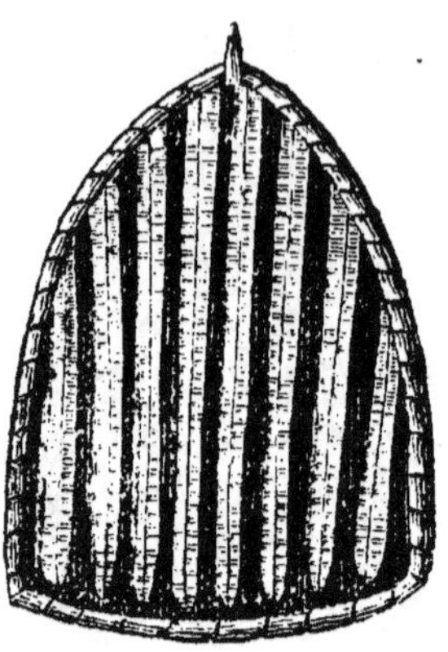

Fig. 7. Ruche coupée verticalement laissant voir des rayons qui descendent jusqu'au bas.

et distants de 1 centimètre environ; ils ont la largeur de l'intérieur de la ruche. Ils sont attachés sur les côtés et sont prolongés jusqu'au bas, si la hauteur de l'habitation n'est pas trop considérable (*fig.* 7).

Je viens de dire qu'ils sont le plus sou-

vent parallèles et disposés régulièrement ;
mais quelquefois ils sont disposés très-
irrégulièrement.

Construction des alvéoles ou cellules. —
Pour commencer la construction de ses
alvéoles, l'abeille prend avec ses pattes les
lamelles de cire qui se trouvent dans ses
sacs abdominaux et les porte à ses mandibules, puis les mâche, en les imprégnant
d'un suc particulier, et en fait un filament
mou qu'elle applique dans le point où elle

Fig. 8.   Base de cellule.

veut édifier. D'autres abeilles viennent
faire le même travail, jusqu'à ce que la
construction d'un alvéole soit achevée ;
c'est ainsi qu'on nomme la cavité dans laquelle les abeilles déposent le miel et le
pollen, et qui sert de berceau à toute la
famille. Les alvéoles ont six pans réguliers
et sont terminés au fond par une pyramide
à trois rhombes, excepté pour les alvéoles

maternels, qui ressemblent à la cupule d'un gland. Chacun des rhombes qui forment le fond des cellules est commun à deux alvéoles (*fig.* 8) ; ce qui indique que les rayons des abeilles ont des cellules des deux côtés (*fig.* 9).

Les alvéoles d'ouvrières et ceux de mâles n'ont pas tout à fait le plan horizontal; ils sont un peu inclinés de haut en bas, de dehors en dedans, sous un angle de 4 à 5

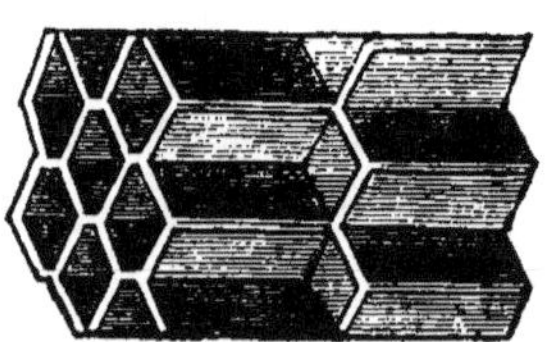

Fig. 9. Cellules opposées. Fragment de rayon.

degrés. L'épaisseur de leurs parois est d'un demi-millimètre environ. Ceux des ouvrières ont 0,012 de profondeur et 0,005 de diamètre ; ceux des mâles sont un peu moins profonds et ont 0,007 de diamètre. Ces alvéoles ont quelquefois 0,015 et plus de profondeur lorsqu'ils servent de magasin à miel. On trouve les alvéoles des ouvrières plus particulièrement dans le haut et le milieu de la ruche, et ceux des mâles sur les côtés et dans le bas. Les alvéoles de mères sont placés verticalement et se trouvent le plus souvent sur les côtés des rayons. Le nombre des cellules contenues dans une ruche pleine de rayons est considérable : on le porte de quarante à cinquante mille pour une ruche de 0,50 de haut sur 0,33 de diamètre. Un rayon de 0,55 sur 0,16 en renferme quatre mille, que parfois les abeilles construisent en moins de vingt-quatre heures, tant est grande leur activité.

Les ouvrières travaillent la nuit comme le jour à la confection des alvéoles ; mais elles ne sortent de leur demeure que le jour pour aller butiner. Quoiqu'elles voient la nuit, elles n'en restent pas moins sédentaires, tant à cause de la fraîcheur qu'à cause du besoin des travaux intérieurs, et notamment de l'éducation du *couvain*, nom donné à la réunion d'œufs, de vers ou larves et de nymphes qui le constitue, et pour lequel elles montrent le plus grand attachement.

Les différents travaux intérieurs et extérieurs sont répartis entre les ouvrières, ai-je dit. Un certain nombre d'entre elles élaborent la cire, on les appelle cirières; d'autres vont chercher les provisions, on les appelle butineuses ou nourricières; d'autres, enfin, s'occupent du couvain, de la garde, de l'aération et de la propreté de la ruche. On a remarqué que les mêmes abeilles accomplissent ordinairement le même travail; mais, dans certaines circonstances, elles se prêtent à toutes sortes de travaux. Au printemps, elles sortent depuis l'aurore jusqu'au crépuscule; mais, dans les chaleurs vives de l'été, elles restent en grande partie dans leur habitation vers le milieu de la journée, sans doute parce que le soleil ardent a fait évaporer à ce moment le nectar des fleurs et a desséché la miellée des feuilles.

II.

Education du couvain. — Ponte. — OEuf. — Larve. — Nymphe. — Disposition du butin des abeilles.

Education du couvain. — On entend par éducation du couvain les diverses périodes que l'œuf de l'abeille parcourt depuis le moment où il a été pondu jusqu'à celui où il arrive à l'état d'insecte parfait. Ces périodes sont au nombre de quatre, et leur durée varie pour chaque sorte d'abeilles.

Ponte. — Nous avons vu que deux jours après sa fécondation, la mère abeille commence la ponte d'une nombreuse progéniture. Son premier soin est d'examiner si l'alvéole où elle veut pondre est propre et en état de recevoir un œuf. Dans ce cas, elle se retourne et y enfonce sa partie postérieure. Après être restée quelques secondes dans cette position, elle se retire et laisse au fond de l'alvéole un œuf qui y est collé au moyen de la matière visqueuse dont il est enduit. Elle en pond communément deux cents par jour et beaucoup plus quand la température est favorable et les provisions suffisantes ; tel est le moment qu'on désigne sous le nom de grande ponte, et qui a lieu en avril et mai pour beaucoup de localités ; en juin, juillet et août pour d'autres.

Œuf. — Les œufs des abeilles, d'un blanc bleuâtre, sont de forme oblongue, un peu recourbés, plus gros par un bout et plus minces par l'autre, qui est celui par lequel ils sont attachés dans les cellules.

La figure 10 montre une mère dans

l'exercice de ses fonctions. Autour d'elle, on voit plusieurs abeilles, qui ne lui

Fig. 10. Mère abeille dans l'exercice de ses fonctions. — OEufs dans la partie inférieure du rayon.

font pas la cour comme le prétendent des

auteurs, — car leur état social ne souffre pas de courtisans, — mais qui lui présentent du miel, la brossent, visitent les cellules et enlèvent, dans celles qui en ont plusieurs, les œufs inutiles qu'elles mangent; en un mot, elles l'aident autant qu'elles peuvent dans cette importante fonction de la propagation de l'espèce. Quelques cellules laissent voir des œufs qui viennent d'être pondus.

L'œuf placé dans un alvéole d'ouvrière produit une abeille ouvrière au bout de vingt à vingt-deux jours, selon le degré de chaleur de la ruche. L'œuf de mâle ne produit d'insecte parfait qu'au bout de vingt-cinq à vingt-sept jours. L'œuf de femelle, logé dans une cellule particulière, comme nous le verrons plus loin, donne une mère à l'état d'adulte au bout de seize jours seulement.

Organe générateur de la mère. — La mère abeille, qu'on distingue très-facilement des ouvrières par sa corpulence beaucoup plus forte, s'en distingue aussi intérieurement par un organe générateur très-développé (*fig.* 11). *a,a* représentent des ovaires ou filaments renfermant une quantité d'œufs non entièrement développés ; *c,c,* les ovi-

2.

ductes, ou conduits par où passent les œufs ; *d*, spermatocèle, ou vésicule renfermant la matière séminale ; *e*, vagin ; *f*, conduit du vagin.—Cette lettre *f* est placée un peu trop bas dans la figure. On aperçoit en

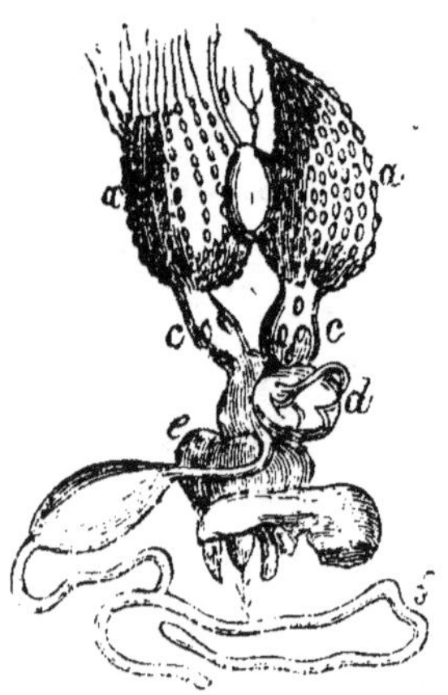

Fig. 11. Détails de l'organe générateur de la mère abeille.

outre l'aiguillon et les parties qui le composent.

Larve ou ver. — La larve de l'abeille est un ver sans pieds, tout blanc, ridé circulairement, et toujours contourné sur lui-même au fond de sa cellule (*fig.* 12). Son corps est composé de treize anneaux, sur lesquels on aperçoit les stigmates; la tête est brune, un peu plus dure que le reste du corps; la filière est placée à sa partie antérieure.

Les larves sortent des œufs au bout de trois jours. Elles se donnent fort peu de mouvement. L'aliment avec lequel elles sont nourries est une espèce de bouillie composée de miel et de pollen, et dont la qualité varie selon l'âge. Tout le fond de la cellule est couvert de cette bouillie sur laquelle le ver est couché. Les larves de femelles et d'ouvrières ne restent que cinq jours sous cette forme; celles de mâles y passent un jour de plus.

Nymphe. — Lorsque les larves ont pris leur accroissement, les abeilles ferment leurs cellules avec un couvercle de cire, et chaque larve commence à filer pour tapisser l'intérieur de sa loge; elle emploie un jour et demi à cet ouvrage, et trois jours après elle se métamorphose en nymphe (*fig.* 15). Au bout de sept ou huit jours, l'abeille se débarrasse de son enveloppe de nymphe, perce avec ses mandibules le couvercle de sa cellule, et lorsqu'elle y a fait un trou assez grand, elle

en sort, sans que les ouvrières de la ruche
l'aident. Mais quand elle en est sortie,
celles-ci viennent la brosser et lui présen-
ter du miel. Bientôt les parties de la jeune
abeille sont sèches et ses ailes capables d'ê-
tre agitées ; elle marche sur les gâteaux et
cherche à aller jouir du grand air ; d'autres
abeilles qui sortent lui apprennent où est
la porte : comme les autres, elle sort de

Fig. 12.
Larve ou ver.

Fig. 13.
Nymphe.

l'habitation commune et va, comme elles,
chercher des fleurs ; elle y va seule et n'est
point embarrassée de retrouver sa ruche,
tant son instinct est sûr. On distingue facilement les jeunes abeilles par leurs anneaux plus bruns et leurs poils gris ; les
anciennes sont d'un roux brunâtre et ont
souvent les ailes endommagées.

Les abeilles soignent avec une attention

admirable les larves qui doivent donner des ouvrières et des mâles ; mais les larves d'où doivent sortir les futures mères sont bien autrement traitées. L'œuf destiné à

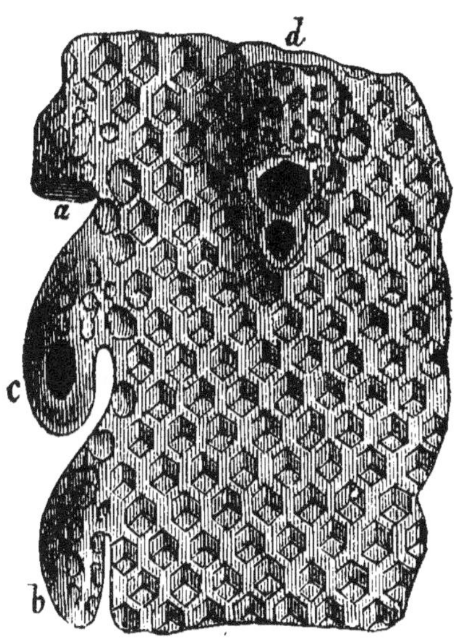

Fig. 14. Rayon ayant trois alvéoles naturels de femelle et un artificiel, *d*.

produire une femelle est déposé dans un alvéole particulier *a* (*fig.* 14). Cet alvéole n'est encore profond que de 4 à 6 millimètres. Mais bientôt il est allongé, *c* de

la même figure, et le ver reçoit une bouillie qui est plus acidulée et plus abondante
que celle des autres abeilles. Cet alvéole
est enfin clos, *b*. L'œuf se transforme en
larve au bout de trois jours, en nymphe au
bout de onze jours et éclot au bout de seize
jours. Mais les jeunes mères peuvent être
retenues prisonnières huit jours, ce qui
arrive souvent au temps de l'essaimage.
Les ouvrières percent alors à l'opercule un
petit trou par lequel la prisonnière passe
la trompe pour recevoir du miel que les
ouvrières lui présentent. C'est dans cette
circonstance qu'elle fait entendre un cri
particulier qu'on appelle *chant* de la
mère.

Lorsque les abeilles d'une ruche ont, par
un accident quelconque, perdu leur mère,
elles s'empressent de construire une ou
plusieurs cellules maternelles, *d*, figure ci-
dessus, dans l'endroit où se trouvent des
œufs d'ouvrières ; elles donnent la bouillie
spéciale aux larves qui éclosent de ces
œufs, et quinze jours après elles ont remplacé artificiellement leur mère. L'alvéole
d a été édifié dans ce but. Ainsi, l'apiculteur qui s'aperçoit qu'une ruche n'a plus
de mère doit, si elle manque d'œufs d'ou-

vrières, y introduire un fragment de gâteau qui en contienne, pris dans une autre ruche, et les abeilles se chargent du reste. Si cela avait lieu dans la saison où il n'y a plus de mâles, la jeune mère ne trouverait plus à se faire féconder, sa ponte ne produirait pas d'ouvrières, et la ruche en péricliterait.

Disposition du butin et distinction du miel du couvain. — Les abeilles couvrent ou operculent les cellules qui renferment des nymphes, avons-nous vu; elles couvrent aussi celles qui sont remplies de miel. Mais il est toujours aisé de les distinguer; car celles qui contiennent du miel sont couvertes d'une pellicule plate; tandis que celles qui renferment du couvain à l'état de nymphe ont leur couvercle bombé, et ce couvercle est généralement plus coloré (*fig.* 15).

La partie supérieure A de ce morceau de gâteau représente des cellules d'ouvrières pleines de miel et operculées. La partie inférieure représente des alvéoles de mâles ayant du couvain operculé. Les cellules de la partie la plus inférieure de cette section contiennent du miel. Quelques-unes en c, c, c, renferment du pollen. Ce pollen,

que les anciens croyaient être de la matière
à cire, s'emmagasine dans le bas et le milieu
de la ruche, près du couvain. Le miel s'em-

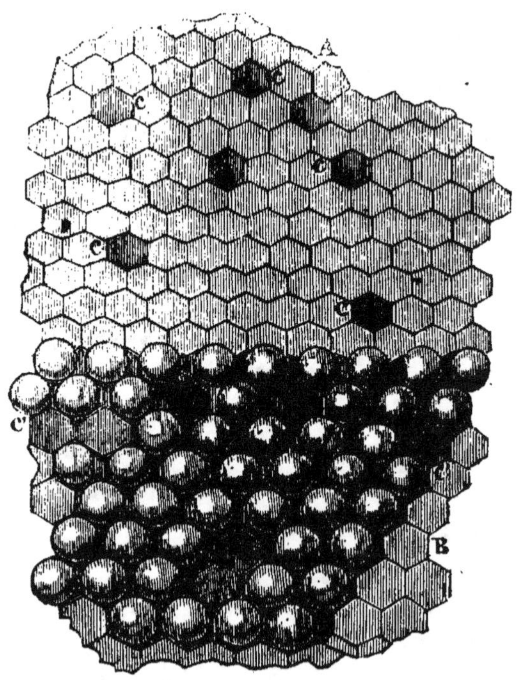

Fig. 15. Rayon renfermant du miel dans la partie
supérieure et du couvain dans la partie inférieure.

magasine dans le haut et sur les côtés de
la ruche; on en trouve dans toutes les
parties quand il est abondant. Lorsque les

fleurs offrent une sécrétion copieuse, les butineuses ne prennent pas le temps de porter leur butin au haut de la ruche, elles le dégorgent dans la première cellule venue, et les travailleuses de l'intérieur s'occupent de le monter.

Les cellules qui ont servi de berceau au couvain servent de magasin à miel lorsqu'il est abondant et que le temps de la grande ponte est passé ; et aussi les cellules allongées qui servent de magasin à miel seront rognées quand les provisions auront été consommées, et serviront de berceau à une nouvelle génération.

III.

Essaimage. — Sortie des essaims ; leur réception. — — Essaims artificiels. Transvasement.

Essaimage. — Au printemps, la population des ruches, devenant de jour en jour plus considérable, pense à émigrer et à aller fonder une nouvelle colonie. Une ruche ne tardera pas à essaimer si elle a une nombreuse famille, si des abeilles se groupent en quantité à l'entrée de l'habitation et y font ce que l'on appelle la *barbe*, si l'on aperçoit des mâles, si le temps est beau et les fleurs nombreuses. C'est d'avril en juillet, selon le canton, qu'a lieu l'essaimage, et de neuf ou dix heures du matin à quatre heures de l'après-midi que partent les essaims. Ce jour, les abeilles ne sont pas allées butiner comme à l'ordinaire. Quelques-unes sortent de la ruche et rôdent comme pour chercher une nouvelle demeure. Quelques autres paraissent très-agitées et semblent vouloir communiquer cette agitation à leurs compagnes. Bientôt un grand nombre se précipitent en tumulte de la ruche en faisant entendre un son particulier, qui annonce la sortie d'un essaim naturel. Cet essaim, composé d'abeilles de tout âge qui ont eu soin de se charger de vivres avant le départ, tourbillonne un moment dans l'air et finit par se fixer à quelque objet, le plus souvent à une branche d'arbre peu élevée, où il forme un groupe en masse arrondie ou allongée.

Le nombre d'abeilles restées dans la ruche mère est peu considérable, mais celui du couvain est très-grand et comblera bientôt le vide fait par l'essaim qui vient de partir. C'est l'ancienne mère qui s'en

va avec la nouvelle colonie ; elle a eu soin
de laisser dans la ruche qu'elle quitte des
nymphes de femelles prêtes à éclore. La
première de ces femelles qui naîtra s'em-
pressera d'aller détruire ses concurrentes
au berceau, si les ouvrières qui les gar-
dent ne l'en empêchent. Si plusieurs femelles éclosent au même moment, elles
se recherchent et se livrent combat jusqu'à
ce qu'il n'en reste plus qu'une.

Lorsque le temps est mauvais à l'époque
de l'essaimage et que le miel est peu abondant, la mère abeille va tuer elle-même
au berceau ses enfants qui doivent lui
succéder ; alors la ruche n'essaime pas.
Quelquefois, elle ne tue que les plus âgées
et épargne les plus jeunes ; dans ce cas,
l'essaimage n'est que retardé. Pour tuer les
nymphes au berceau, elle perfore l'alvéole
qui les renferme à l'endroit de leur ventre
où elle darde son aiguillon. On remarquera
que les larves de femelles n'ont pas, comme
les autres larves, filé de coque soyeuse à
cet endroit, ce qui permet à la mère de
rencontrer sans obstacle les sections de
l'abdomen de ses victimes.

Lorsque le mauvais temps semble aux
ouvrières ne pas devoir se prolonger, elles

empêchent la mère abeille de détruire les nymphes de femelles. A cet effet, elles fortifient le couvercle des alvéoles qui les renferment par une nouvelle couche de cire, et y font un petit trou à travers lequel elles donnent du miel à la prisonnière. Les futures mères restent ainsi renfermées, nourries et gardées à vue jusqu'au moment du départ. Mais cette précaution ne les sauve pas si la sortie de l'essaim est beaucoup différée; et le chant qu'elles font entendre accélère leur perte en attirant la mère en fonction, à laquelle la garde n'oppose aucune résistance. Cependant, comme il y a eu des intervalles entre la ponte de chaque œuf dans les alvéoles maternels, il y a des jeunes femelles à l'état d'insecte parfait, tandis que d'autres vers sont à peine éclos. Il en résulte qu'il faut que le mauvais temps dure douze à quinze jours pour que la destruction de toutes les femelles ait lieu.

Après la sortie du premier essaim, les gardiennes des alvéoles maternels se conduisent souvent comme auparavant, si la saison et la localité sont favorables, et si le couvain est considérable : elles retiennent prisonnières les jeunes mères pendant sept ou huit jours. C'est alors qu'a lieu la sortie d'un second essaim. Il arrive souvent dans cette circonstance que plusieurs mères éclosent en même temps et qu'elles suivent la nouvelle colonie. Aussi trouve-t-on le lendemain, sur le tablier du second essaim, plusieurs mères tuées. Dans quelques localités, il y a des ruches qui essaiment trois et quatre fois, et même davantage ; mais ces essaims secondaires sont très-faibles. Il convient, la plupart du temps, de les rendre à leur ruche mère qu'ils épuisent, ou de les marier entre eux.

Le deuxième essaim sort ordinairement huit ou neuf jours après le premier ; le troisième sort deux ou trois jours après le second ; le quatrième peut sortir le lendemain du troisième. On prévient assez bien la sortie des essaims seconds en agrandissant les ruches par des hausses ou autrement, aussitôt après la sortie du premier essaim, ou en détruisant les femelles au berceau, ce qui est moins facile, mais plus sûr.

Réception d'un essaim. — Dès qu'un essaim s'est fixé quelque part, il faut s'apprêter à le loger dans une ruche qu'on aura disposée à cet effet. Après s'être re-

couvert d'un camail, si l'essaim est placé
à un endroit difficile et si l'on craint d'être
piqué, on présente la ruche sous la grappe

Fig. 16.   Réception d'un essaim.

d'abeilles que l'on fait tomber dedans, soit
au moyen d'un plumeau ou d'un balai,
soit en secouant fortement la branche a

laquelle cet essaim est attaché. On place doucement cette ruche sur un linge ou sur une planche qu'on a préparée à l'avance. Les abeilles ne tardent pas à entrer toutes et à se fixer dans cette ruche, que l'on porte au rucher une demi-heure après.

Quelquefois les abeilles s'obstinent à retourner à l'endroit où elles se sont groupées. On doit alors frotter cet endroit avec de l'éclaire chélidoine, de la camomille puante, ou avec toute autre plante dont l'odeur leur est désagréable.

Quelquefois aussi les essaims retournent à la ruche mère ; c'est qu'alors, ou la mère abeille n'est pas sortie, ou que, n'ayant pu voler, elle est tombée à terre.

Le carillon que quelques personnes exécutent sur des casseroles et des couvercles en fer lors de la sortie des essaims est tout à fait inutile.

Si un essaim, après être sorti de la ruche mère, s'élève beaucoup et fait mine de s'enfuir, il faut se hâter de lui projeter de l'eau avec une pompe de jardinier, ou bien de la poussière ou du sable. Ce stratagème réussit la plupart du temps à le faire fixer.

Réunion des essaims. — Cette opération

est très-facile si les essaims à réunir sont
sortis à peu près au même moment. Après
avoir recueilli le premier sorti, que l'on
place à l'endroit qu'on lui destine dans le
rucher, on vient secouer le second à l'entrée de sa ruche, et le troisième, s'il s'agit
d'en réunir trois. La réunion se fait alors
sans combat, parce que, sans doute, les
abeilles n'ont pas encore de ralliement
bien établi, et parce qu'aussi, dans ce
temps, le miel est très-abondant dans la
campagne, et qu'il semble que les abeilles
prévoient que plus elles sont nombreuses,
plus la famille parviendra à faire de grands
approvisionnements. S'il s'était écoulé
quelques heures entre la réception des essaims à réunir, on les porterait l'un près
de l'autre au rucher, et le soir, on se-
couerait l'un à l'entrée de la ruche de
l'autre. Si l'essaim qui reçoit le nouveau
venu était dans sa ruche depuis plusieurs
jours, on devrait au préalable, et pour
éviter un combat, le mettre en état de
bruissement, en lui projetant de la fumée,
et asperger les abeilles d'un peu de miel.
Si les essaims à réunir ont été recueillis
dans des ruches à hausses régulières, rien
de plus simple que leur mariage : on prend

les hausses dans lesquelles ils sont logés, et on les réunit, c'est-à-dire, on en fait une seule ruche.

Essaim artificiel. — On donne le nom d'essaim artificiel à la peuplade d'abeilles que l'on enlève artificiellement d'une ruche pleine et qu'on loge dans une ruche vide. On fait les essaims artificiels par transvasement pour les ruches vulgaires, et par séparation ou par enlèvement de hausses ou de rayons mobiles pour les ruches perfectionnées. Par cette opération on se procure des essaims à volonté, même avant l'époque ordinaire de leur sortie, et l'on prévient la perte des essaims naturels. C'est un moyen d'augmenter les ruches ; mais il ne faut pas en user quand on tient à avoir de bonnes récoltes de miel.

Le moment favorable pour faire des essaims artificiels est celui où l'on commence à voir des mâles sortir des ruches : c'est un indice que la mère a pondu des femelles, et qu'ainsi on peut sans danger l'enlever de sa ruche. Pour extraire d'une ruche un essaim artificiel, il faut qu'elle soit bien peuplée.

Lorsque l'on procède par transvasement, on opère vers le milieu de la journée et

l'on n'enlève pas toutes les abeilles de la
ruche mère, mais la plus grande partie
accompagnée de la mère abeille. Quand on
croit que celle-ci est montée dans la ruche
vide, ce qui arrive le plus souvent au bout
de quinze ou vingt minutes, et que le
nombre d'ouvrières est assez grand, on
place le nouvel essaim à l'endroit où était
la ruche mère, si celle-ci possède encore
beaucoup d'abeilles ; dans le cas contraire,
on le place dans un autre endroit du rucher et l'on remet à sa place la ruche mère.
Les abeilles qui sont allées aux champs la
renforceront. Mais le soir on fera bien de
la clore pour vingt-quatre heures ; c'est-à-
dire le temps qu'il faut pour que, dans le
cas où la ruche ne renferme pas de femelles au berceau, les abeilles aient édifié
des alvéoles maternels où se trouvent des
œufs d'ouvrières.

Lorsqu'on procède par division, soit avec
des ruches à hausses, soit avec des ruches
à cadres ou a rayons mobiles, on prend,
pour les premières, une hausse pleine,
contenant des œufs d'ouvrières, à laquelle
on ajoute une ou deux hausses vides ; et
pour les secondes, on enlève un ou plusieurs cadres ou rayons renfermant des

Fig. 17. Transvasement des ruches.

œufs, on les place dans une ruche vide que l'on met à la place de la ruche mère. On transporte celle-ci dans un autre endroit du rucher.

Transvasement par tapotement. — Après avoir décollé de son tablier la ruche à transvaser et avoir projeté un peu de fumée de tabac à son entrée, il faut l'enlever, la renverser et la placer sur un tabouret dépaillé ; mettre dessus une ruche vide, de même diamètre autant que possible ; envelopper ces deux ruches d'un linge pour boucher les issues. Ces dispositions prises, on tapote, pendant vingt-cinq à trente minutes, avec les mains ou des petits bâtons, la ruche pleine, en commençant à sa partie la plus inférieure et en montant graduellement. Au bout de ce temps, il est rare que les abeilles ne soient pas montées dans la ruche supérieure, que l'on enlève, après avoir développé le linge, et que l'on place à l'endroit qu'occupait la première.

S'il reste quelques abeilles dans celle-ci, on la présente à l'orifice de celle qui contient la colonie et on la tapote légèrement jusqu'à ce que les retardataires soient toutes déguerpies, ce qui ne tarde pas à avoir lieu.

Le transvasement est nécessaire quand on veut récolter les ruches vulgaires et marier leur population. On le fait aussi au moyen de la fumée de chiffon, de crottin de cheval, de bouse sèche de vache, de foin, etc.

Pour faire un transvasement au moyen de la fumée, il faut que la ruche à transvaser ait une issue à sa partie supérieure. Si elle n'en avait pas, il faudrait en pratiquer une.

Après avoir disposé les ruches comme pour le transvasement par tapotement, on injecte modérément de la fumée par l'issue dont je viens de parler, soit au moyen d'un enfumoir, ou d'un soufflet Gonthier, qui remplit parfaitement l'office, soit seulement en brûlant du chiffon de chanvre ou de coton que l'on a arrangé en andouille et que l'on présente sous l'issue. Au bout d'un moment, les abeilles, après s'être mises en *état de bruissement*, se décident à déguerpir de leur habitation [1]. On continue

[1] Aussitôt que les abeilles sont atteintes par la fumée, elles s'élèvent sur leurs pattes, redressent leur abdomen, font en quelque sorte pirouetter leurs ailes, sans doute dans la vue de purifier l'air de la ruche qui se trouve vicié

la fumée jusqu'à ce qu'elles soient à peu
près toutes sorties, et pour le reste on
procède comme dans le mode par tapotement.

La fumée est indispensable lorsqu'on
veut s'emparer des essaims logés dans le
creux des arbres. Ailleurs, elle ne l'est pas,
et offre même d'assez graves inconvénients
dans les mains de personnes peu habiles,
qui brûlent et tuent souvent un certain
nombre d'abeilles, lorsqu'ils pratiquent ce
que l'on appelle la *taille* des ruches, ou
leur récolte partielle. Dans ce cas, il vaut
mieux transvaser entièrement les ruches et
en faire la taille ensuite et tout à son aise.

Des amateurs ont proposé les anesthésies
ou asphyxies momentanées pour remplacer les transvasements, mais ce mode offre
des inconvénients graves qui doivent le
faire rejeter : il tue beaucoup d'abeilles [1].

par la fumée. C'est cette manière d'être des
abeilles que l'on appelle *état de bruissement*.

[1] Voir notre petit traité de l'*Anesthésie des
abeilles* et des moyens qui doivent lui être pré-
férés pour récolter les ruches vulgaires. Chez
A. Goin, libraire.

IV.

Rucher.— Choix de son emplacement.—Achat et transport des essaims.— Ruches les plus avantageuses.

Rucher. — On donne le nom de rucher, apier ou abeillier, à l'endroit où l'on place des ruches pour en soigner les abeilles. On peut en établir avec certitude de réussir dans toutes les localités pourvues de fleurs et de bois ; dans celles où l'on cultive le colza, le sainfoin, le trèfle blanc, le méli-lot, le sarrasin ou blé noir ; dans les cantons qui ont des prairies naturelles, des bruyères, des landes, des arbres verts, etc.

Emplacement. — On se gardera d'établir les ruchers près des usines, des fours à chaux, des étangs, et dans les endroits éle-vés où des vents violents règnent conti-nuellement. On les établira dans les lieux tranquilles et abrités, près des habitations ou des bois.

Dans les cantons où les pluies, les vents impétueux et les orages sont fréquents, il convient d'adopter le rucher couvert *(fig. 18)* ; mais dans les pays calmes, le ru-cher en plein vent est préférable *(fig. 19).*

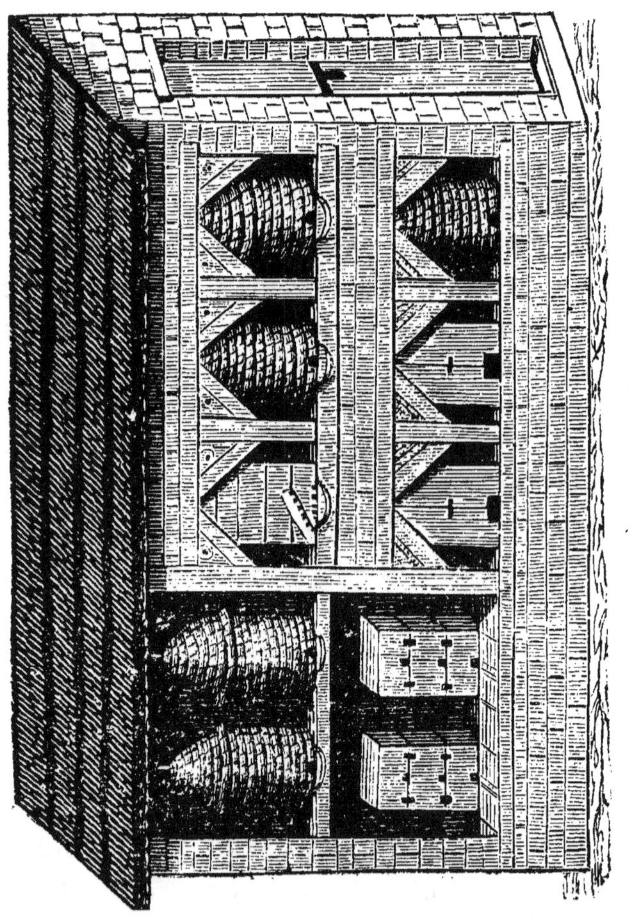

Fig. 18. Rucher couvert.

Fig. 19. Rucher en plein vent.

d'autant plus qu'il coûte moins à établir. Quel que soit celui qu'on adopte, il faut l'orienter de manière que l'entrée des ruches se trouve à l'opposé des pluies et des vents dominants. Dans telle localité, il convient de le placer au levant ; dans telle autre, au couchant ; dans telle autre enfin, au midi et même au nord, qui est généralement la plus mauvaise orientation. Il ne faut pas que les ruches reçoivent directement les rayons ardents du soleil, ni qu'elles soient placées à l'humidité, sur le sol. Celles en plein vent doivent être recouvertes d'un épais surtout de paille qui les garantisse de la pluie, du soleil et du froid, et être placées sur des tabliers en planches qu'au moyen de piquets on élève de quelques décimètres du sol. Il faut aussi distancer ces ruches, afin qu'on puisse circuler à l'entour.

Achat des essaims. — L'achat des abeilles se fait avec avantage en trois saisons de l'année. La première à l'époque de l'essaimage : c'est le moment où l'on achète à de meilleures conditions. La valeur des essaims est calculée sur leur poids et sur l'époque de leur sortie. Un bon essaim ordinaire pèse de 2 kil. à 2 kil. 1/2 et se vend.

dans beaucoup de localités, de 5 à 10 fr. Les deux autres époques sont l'automne et le commencement du printemps. A l'automne, on paye de 12 à 18 fr. des ruches mères, en paille, pesant de 15 à 18 kil. Au printemps, on paye quelquefois davantage des ruches qui ne pèsent que la moitié.

Transport des essaims. — C'est le soir et par un temps frais, autant que possible, qu'il faut transporter les essaims, soit à dos d'homme ou de cheval, soit de toute autre manière. On a soin d'envelopper la ruche à transporter d'un morceau de serpillière ou de grosse toile qu'on attache au moyen d'une ficelle. Lorsque le transport se fait par voiture, on garnit celle-ci d'un bon lit de paille, sur lequel on couche les ruches, en plaçant les moins garnies en dessous et les plus lourdes en dessus. On tourne leur orifice extérieurement et on les couche de manière que les rayons se trouvent dans le sens vertical. Quand on est arrivé à destination, on laisse ces ruches une heure ou deux en repos, puis on enlève le linge qui les enveloppe et on les place au rucher. On peut aussi voiturer les ruches debout, mais il faut alors leur donner une hausse.

Soins à donner aux abeilles. — Le possesseur de ruches doit souvent visiter ses abeilles, afin qu'elles s'accoutument à le voir, afin aussi qu'il puisse constater l'état de leur approvisionnement et de leur santé. Dans ses visites, il doit éviter de marcher vite, de faire des mouvements brusques, de gesticuler et de crier. Il fera donc le moins de bruit possible, et si une abeille annonce par ses mouvements et par un bourdonnement particulier qu'elle se prépare à l'attaquer, il se baissera et restera dans cette position jusqu'à ce qu'elle s'en soit allée.

On ne doit pas troubler les abeilles dans leurs travaux, ni soulever ou ouvrir les ruches que lorsqu'il y a nécessité, et jamais brusquement. On ne le fait que pour s'assurer de l'état de leurs approvisionnements ou de l'époque de l'essaimage, ou lorsqu'on s'aperçoit que les abeilles sont sans activité, que les fourmis ou les guêpes entrent dans la ruche, ou enfin qu'on remarque les excréments des fausses teignes sur le plateau, et qu'on en sente l'odeur. On détruit cette fausse teigne en enlevant les gâteaux où elle s'est fixée ; on éloigne aussi les araignées et leurs toiles,

les limaçons, les guêpes et les autres animaux ennemis des abeilles, en les chassant
assidûment.

Lorsque leur approvisionnement est in-
suffisant pour passer la mauvaise saison,
on est obligé de donner aux abeilles une
certaine quantité de miel, ce que l'on fait
au commencement de l'automne. On met
du bon miel de Bretagne, quelque peu
chauffé, dans un rayon ou dans un vase
que l'on couvre d'un canevas ou de brins
de paille, et que l'on place le soir sous la
ruche à nourrir. Les *sirops*, que les anciens
auteurs ont recommandés pour nourrir les
abeilles, ne valent pas le miel, même le
miel inférieur.

Choix des ruches. — Les ruches, ou loge-
ments dans lesquels on établit des essaims,
sont fabriquées avec de la paille, des planches, de l'osier ou d'autres branches de bois
souple, des troncs d'arbre, des écorces de
chêne-liége, etc. Elles sont de formes différentes et de grandeurs variables, selon les
localités. Les ruches en paille sont moins
impressionnables au froid et au chaud que
celles en bois. Les meilleures sont les plus
simples, qui permettent d'être récoltées
assez facilement et sans détruire les abeil-

les. Celles qui réunissent le plus ces conditions sont : la ruche à calotte ou villageoise de Lombard, et la ruche à hausses
en paille.

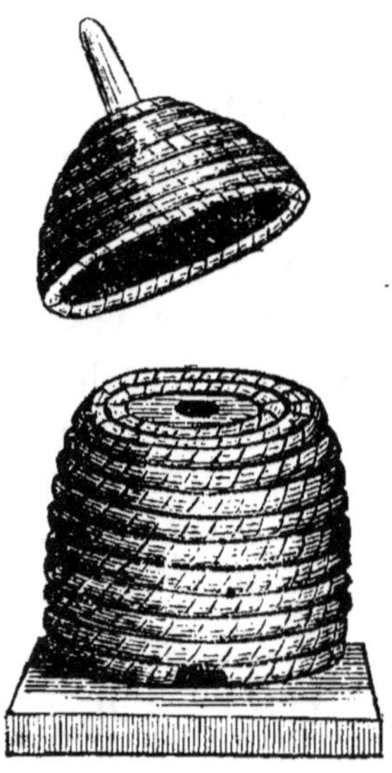

Fig. 20.   Ruche villageoise.

La ruche villageoise (*fig.* 20) se compose
d'un corps de ruche surmonté d'un plancher à claire-voie (*fig.* 21), et d'un couvercle conique qui s'enlève à volonté. Quelquefois le plancher du corps de la ruche

est comme celui de la *fig.* 20 ; il est en paille ou en bois, et est percé d'un trou circulaire que l'on peut fermer par un bouchon lorsqu'on a enlevé le couvercle.

L'enlèvement de ce couvercle a lieu dans la saison des fleurs et lorsque la ruche a essaimé, ou manifeste qu'elle n'essaimera

Fig. 21. Plancher à claire-voie.

pas, c'est-à-dire lorsqu'on juge qu'il est rempli de miel que les abeilles pourront remplacer, ou à peu près.

Ces sortes de ruches sont faites avec des rouleaux ou cordons de paille disposés en spirale, serrés et liés ensemble avec de la ronce commune, du coton de coudrier, de l'osier, ou même de la ficelle. Elles doivent être toutes de même diamètre, afin que le couvercle de l'une puisse s'adapter à l'autre. La hauteur du corps de ruche et celle de la capote doivent seules varier, afin

qu'on ait de grandes ruches pour les forts
essaims, et de petites pour les petits essaims.

J'ai apporté une modification à la villa-

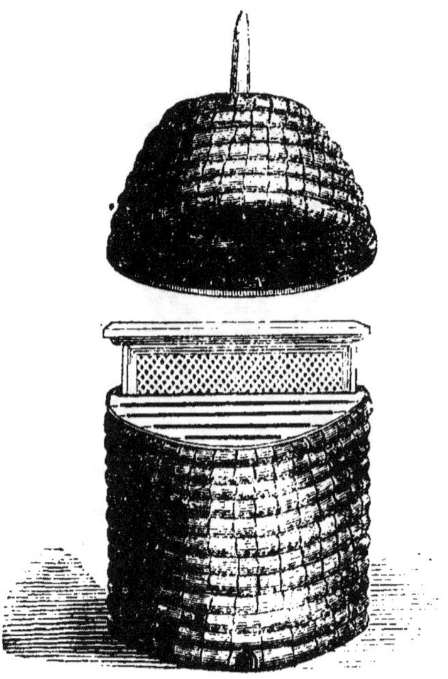

Fig. 22.   Ruche villageoise à rayons mobiles.

geoise de Lombard, déjà modifiée très-
avantageusement par Radouan; je lui ai
adapté des rayons mobiles (*fig.* 22). Le
rayon mobile, composé d'une planchette

munie de deux montants, permet d'enlever
et de renouveler facilement les édifices du
corps de la ruche. Il se distingue du cadre
mobile, comme celui-ci se distingue du
feuillet, en ce qu'il est moins compliqué.

La figure 23 représente un cadre mobile
horizontal, et la figure 26 un cadre oblique. Les figures 24 et 25 représentent des
rayons mobiles.

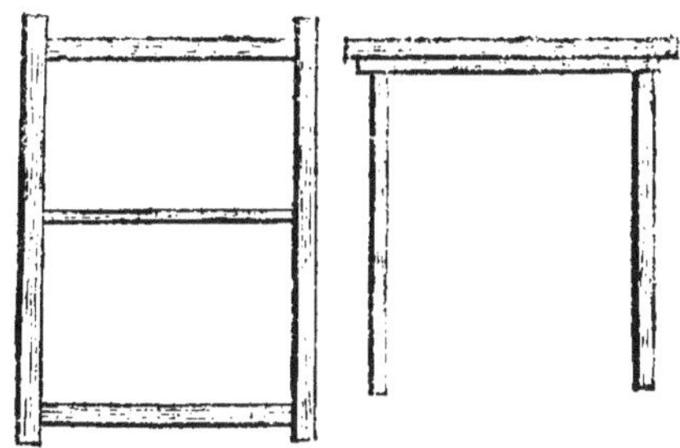

Fig. 23.
Cadre mobile.

Fig. 24.
Rayon mobile.

Après la villageoise, la plus simple des
ruches perfectionnées, vient la ruche à
hausses en paille (*fig.* 27). Celle-ci se compose de deux cylindres plus ou moins hauts,
de même diamètre, surmontés d'un couvercle conique également de même diamètre. Chaque hausse a, comme le corps

de ruche de la villageoise, un plancher composé de planchettes fixes, de 26 ou 27 millim. de largeur, laissant entre elles

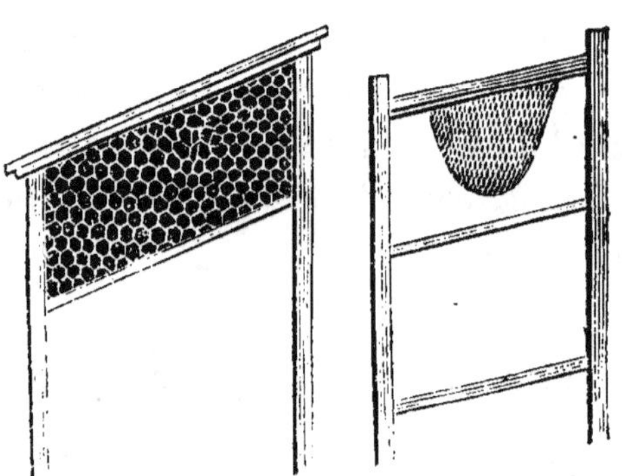

Fig. 25.
Rayon oblique.

Fig. 26.
Cadre oblique.

une distance de 8 ou 9 millimètres. Ces planchettes doivent faire face à l'entrée de la ruche, c'est-à-dire être placées d'un côté latéral à l'autre (*fig.* 21 et 22).

On peut donner trois ou quatre cylindres à cette ruche, mais deux sont suffisants lorsqu'il y a un couvercle, comme dans la figure 27. La ruche à hausses sans calotte doit être recouverte d'un épais tablier de paille ou d'une planche qui la ferme bien.

On se sert de la ruche à hausses en me-

nuiserie (*fig.* 28) dans quelques localités
où le bois et la main-d'œuvre sont à bas
prix. Quelquefois, on couche cette ruche
au lieu de la tenir debout ; c'est ce qui se
pratique notamment en Algérie avec la ru-

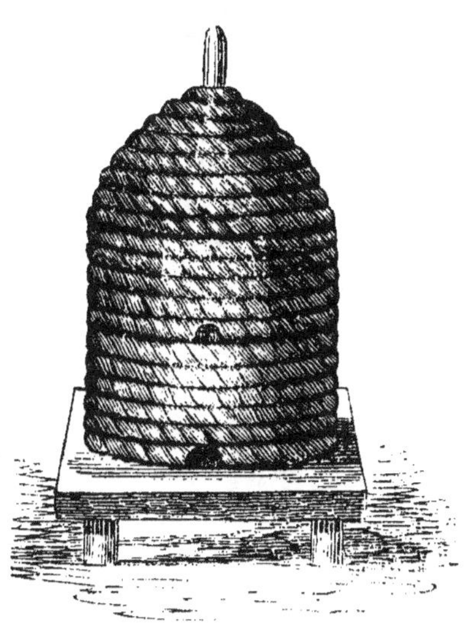

Fig. 27. Ruche à hausses en paille.

che en rondins accolés, ruche dite *arabe*.
Assez souvent, les divisions disparaissent
et l'on n'a plus qu'une caisse ou ruche
longue, telle qu'on l'emploie dans le Levant et dans quelques localités de l'Au-
triche.

La récolte des ruches à hausses se fait
à la même époque et de la même manière
que celle des ruches villageoises. Lorsque

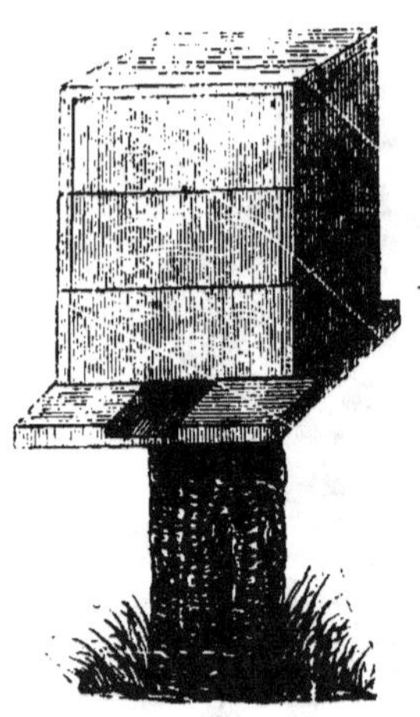

Fig. 28. Ruche à hausses en bois.

l'on croit que la partie supérieure est bien
garnie de miel, ce que l'on juge assez
bien par le poids de la ruche, on l'enlève
après l'avoir décollée au préalable, on en
chasse les abeilles et on la récolte. Si c'est
un couvercle, comme dans la *fig.* 20, on le
remet à sa place ; mais si c'est une hausse

ordinaire, on la place à la partie inférieure de la ruche, de manière que la deuxième devienne la première. On peut la replacer à la partie supérieure si l'on se propose de l'enlever une seconde fois un peu plus tard et d'obtenir du miel très-pur.

Les ruches à hausses se prêtent avantageusement à toutes les opérations apiculturales, et conviennent à l'apiculture sédentaire de beaucoup de localités.

On a inventé un grand nombre de ruches dont la plupart, à cause de leur prix élevé, conviennent moins au véritable apiculteur qu'à l'amateur. Celles qui facilitent le plus l'étude des abeilles et réunissent le plus grand nombre d'avantages pour ce dernier sont les ruches à cadres et à rayons mobiles, celles à divisions, à espacements, etc. Parmi les premières, on distingue : la ruche à feuillets, du Suisse Huber ; la ruche à cadres s'enlevant par le haut, de l'Américain Blake, que M. Debeauvoys et d'autres amateurs ont modifiée ; la ruche à cadres s'enlevant par les côtés, du Russe Prokopovitch, que plusieurs apiculteurs ont également modifiée, et enfin la ruche grecque dont nous avons modifié les rayons.

i.

Les principales ruches à divisions, à espacements ou à hausses sont celles de Gelieu-Féburier, de Palteau modifiée, etc. Voici le modèle d'une de ces ruches (*fig.* 29), à laquelle nous avons nous-même apporté plusieurs modifications.

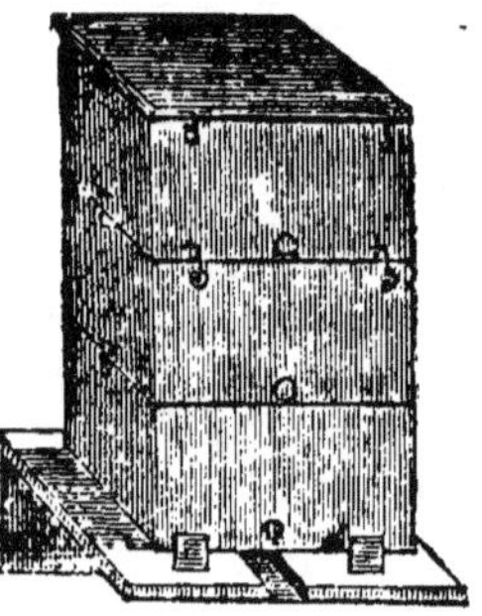

Fig. 29. Ruche à hausses obliques.

Cette ruche se compose de trois hausses obliques qui se superposent; l'inférieure repose sur un plancher en forme de pupitre, et la dernière est fermée par un plancher mobile. Ces diverses parties sont fixées au moyen de crochets. Deux petits tasseaux placés derrière chaque hausse la retiennent sur la hausse inférieure. La fig. 30 montre une hausse avec un rayon mobile sorti. Dans le Midi, on peut établir les hausses horizontalement; elles sont plus faciles à édifier.

La ruche à hausses et à rayons mobiles se récolte en enlevant une hausse ou seulement des rayons dans une hausse. Le rayon enlevé est remplacé par un rayon

Fig. 30.   Hausse oblique.

vide ou par un rayon pris dans la partie inférieure de la ruche.

Quelle que soit la ruche que l'on emploie, fût-ce la ruche vulgaire en cloche, qui est une des plus simples, mais une des plus difficiles à récolter ; fût-ce même l'informe tronc d'arbre ; il ne faut jamais étouffer les abeilles pour s'emparer de leurs produits. Il faut les en chasser, soit par le transvasement, soit par toute autre manière, et les loger dans de nouvelles habitations, ou les marier à des ruches faibles. Il vaut mieux ne faire qu'une demi-récolte et conserver les abeilles, que d'en faire une entière et les détruire. On ne saurait, il est vrai, multiplier les ruches au delà des ressources locales ; c'est-à-dire que là où il n'y a de fleurs que pour un cent de ruches, on ne saurait en faire prospérer deux cents ; mais on peut toujours grossir les populations. Deux populations réunies ne consomment presque pas plus en hiver qu'une population faible isolée, réussissent beaucoup mieux et butinent davantage en été. Toute bonne apiculture est là : avoir de fortes populations. Joignez-y des ruches à parois épaisses et bien closes, et la réussite est infaillible, même dans les localités peu favorables.

V.

Maladies et ennemis des abeilles. — Façonnements du miel et de la cire.

Maladies des abeilles.—Comme les autres animaux, les abeilles sont sujettes à différentes maladies pendant le cours de leur existence bornée. La plupart leur viennent du manque de soins ou de mauvais soins de la part des apiculteurs. La plus dange-reuse est la dyssenterie, qui fait souvent périr des ruchers entiers. Elle provient du mauvais miel donné en nourriture aux abeilles, de l'humidité, du manque d'aéra-tion, de ruches établies dans de mauvaises conditions. Cette affection arrive le plus souvent à la fin de l'hiver ; les abeilles qui en sont atteintes lâchent leurs excréments dans leur habitation, sur les rayons qu'elles salissent, et portent la peste dans la ruche. Le remède consiste à leur donner un peu de bon miel étendu de vin généreux, à enlever les rayons salis et surtout à aérer les ruches, car j'ai été à même d'observer que la principale cause de la dyssenterie provient de l'air vicié.

Elles ont quelquefois une affection contraire, qui est la constipation.Celle-ci arrive quand les abeilles ne peuvent pas maintenir la chaleur de leur ruche, ce qui a lieu au printemps, lorsque la saison reste excessivement froide et les empêche de sortir pour aller lâcher leurs excréments. Dans ce cas elles n'absorbent plus de miel pour alimenter leur machine vitale, par conséquent la température de la ruche baisse. C'est alors que les excréments durcissent dans leur ventre et que la mort s'ensuit. Nous ne connaissons pas de remède à la constipation. Des ruches à parois épaisses et bien closes la préviennent.

Le vertige est une maladie qui atteint individuellement les abeilles dans certaines localités. Celles qui en sont affectées ne peuvent plus voler, elles courent et tournent sur elles-mêmes jusqu'à ce qu'elles tombent épuisées. Cette affection, que des apiculteurs attribuent au chanvre, se manifeste vers les mois de juin et de juillet. On ne lui connaît pas de remède.

Ennemis des abeilles. — Les ennemis des abeilles sont nombreux, mais peu sont redoutables. Le plus grand est l'apiculteur ignorant ; c'est celui qui ne leur accorde pas de soins et qui les tue pour s'emparer de leur butin. Après lui, le plus redoutable est la fausse teigne, ou le ver d'un papillon que l'on voit rôder le soir autour des ruches, dans lesquelles il finit par s'introduire si les populations n'en sont pas nombreuses. Dès que la fausse teigne est dans une ruche, les vers filent des coques soyeuses que les abeilles ne peuvent détruire, et minent les rayons de cire dont ils se nourrissent. On reconnaît assez facilement que cet ennemi est dans une ruche par des grains noirs que l'on trouve sur le tablier, et qui ne sont autre chose que les excréments de ce ver. Il faut se hâter de retrancher les rayons envahis.

Les guêpes et les frelons cherchent aussi à s'introduire dans les ruches pour les dévaliser; il faut, vers la fin de l'été, en rétrécir les entrées. On prend ces soins un peu plus tard dans les pays de bruyères et de sarrasin. Les souris, les rats, les musaraignes, cherchent également à s'introduire dans les ruches, en hiver, si elles ne sont pas bien closes. Parmi les oiseaux, la mésange, le rossignol et l'hirondelle sont ceux qui détruisent le plus d'abeilles. Il faut les chasser à coups de fusil. D'autres animaux, tels que l'ours, le crapaud, le sphinx tête-de-mort, font aussi la guerre aux abeilles ou dévalisent leur miel. Des soins vigilants les en empêchent.

Pillage. — Les abeilles d'une ruche sont quelquefois les redoutables ennemies de la ruche voisine : elles la pillent! On reconnaît qu'une ruche est pillée lorsqu'un grand nombre d'abeilles rôdent à l'entour et finissent par y entrer, puis en sortent gorgées de miel. On doit se hâter de boucher cette ruche ou de l'emporter. Le soir, on la visitera pour s'assurer si elle est désorganisée. Si l'on s'aperçoit que la mère en est morte, il faut en donner une autre, ou réunir la population à une ruche faible.

Quand le pillage est dans un rucher, toutes les ruches, quoique bien organisées, sont pillées si l'on ne prend ses précautions, qui consistent à rétrécir les entrées et à les boucher au besoin.

Récolte et façonnement du miel. — L'époque la plus favorable pour faire la récolte du miel est, avons-nous dit, celle où les abeilles peuvent remplacer le plus facilement la partie de provisions qu'on se propose de leur enlever.

Pour récolter les ruches et manipuler le

miel, il faut être muni d'un couteau à lame
recourbée, de tamis, de terrines et de pots.
Les tamis, les terrines et les pots sont rem-
placés par des corbeilles en osier, des ba-
quets et des tonneaux, lorsqu'on a une certaine quantité de miel à façonner. Avec
le couteau, on détache et on enlève les
rayons que l'on place dans les tamis, en
ayant soin de mettre à part ceux qui renferment du pollen et dont le miel paraît
inférieur. On les écrase légèrement, afin
d'en faire couler le miel, qui tombe dans
les terrines. Il faut opérer dans un appar-
tement chaud, à travers les croisées du-
quel le soleil luit. Le premier miel qui
coule est dit miel vierge ou de première
coulée; il est de première qualité. En
écrasant davantage les rayons, on obtient
du miel de deuxième qualité. On obtient
du miel de troisième qualité quand on a
recours à la presse pour faire sortir la dernière partie. Le pressoir dont on se sert
pour extraire le miel et presser la cire est
à peu près semblable à celui employé pour
le cidre et le vin. Mais lorsqu'on n'a pas à
sa disposition un pressoir quelconque, on
met au four et dans un vase, après la sortie
du pain, les résidus étendus de quelques

verres d'eau. Le miel qu'on en retire est inférieur et ne convient que pour nourrir les abeilles et pour faire de l'hydromel.

Aussitôt qu'il est extrait des rayons, le miel est mis dans des pots de grès ou de terre vernissée, que l'on tient découverts et que l'on place dans un endroit frais où on les laisse jusqu'à ce que le miel soit figé. On enlève alors l'écume qui s'est formée à la surface, on les bouche d'une bonne feuille de papier ou de parchemin, et on les range dans un endroit sec et de la même température que les caves.

Façonnement de la cire. — Lorsqu'on a extrait le miel des rayons, on met les résidus dans une chaudière à demi pleine d'eau que l'on chauffe jusqu'à légère ébullition. On a soin de remuer avec un bâton pour que des parties de cire ne s'amassent pas aux parois de la chaudière, où elles brûleraient. Lorsque la cire est bien fondue, on cesse le feu, et l'on vide la chaudière par sa partie supérieure. C'est la cire qui en sort d'abord et que l'on recueille dans un vase contenant de l'eau claire légèrement chauffée. Cette cire a besoin d'être fondue une seconde fois pour être débarrassée de toute matière hétérogène; elle est ensuite

coulée dans des vases en terre vernissée
ou en tôle étamée dans lesquels se trouvent quelques centimètres d'eau tiède.

Usages du miel et de la cire. — Le miel et
la cire ont, dans l'économie domestique,
dans les arts et dans la pharmacie, de
nombreux et importants usages que tout
le monde connaît, usages moins grands
toutefois qu'avant l'invention du sucre de
betterave et la conversion du suif en stéa-
rine. — Le miel avait autrefois un emploi
très-étendu ; il entrait dans beaucoup d'a-
liments et servait à façonner des boissons
qui tenaient lieu de vin, auquel elles se
mêlaient quelquefois. C'est ainsi que chez
les Romains, et plus tard chez nous, on
en faisait le *mulsum* et l'*hypocrène*, et que,
de nos jours, des industriels de Paris et de
Londres en font des *madères* et des *alicantes* factices.

Si le miel a été remplacé par le sucre
dans quelques-uns de ses usages, il n'en
conserve pas moins une très-grande valeur comme corps sucré. Outre son prin-
cipal emploi comme douceur, il entre dans
la fabrication des pains d'épice, dans celle
de quelques chocolats qui en acquièrent des
qualités particulières, dans l'édulcoration

des tisanes et la préparation de quelques sirops pharmaceutiques. Il est indispensable dans la médecine vétérinaire, et dans ces derniers temps on a fait entrer avec avantage les miels inférieurs dans la fabrication de la bière. On en façonne une liqueur excellente, l'hydromel, et des boissons de ménage fort saines; on peut en extraire de l'alcool en assez grande quantité, le convertir en vinaigre, le mélanger avec les vins faibles pour leur donner du corps, etc.

VI.

Boisson au miel. — Hydromel. — Miod. — Alcool. — Vinaigre de miel.

Boisson au miel. — Tout le monde sait que la boisson au miel, l'*hydromel*, était le breuvage ordinaire des Gaulois, et qu'il est encore celui des peuples du nord de l'Europe à qui la vigne fait défaut. L'hydromel est assurément la boisson qui peut le mieux remplacer le vin, et même le vin de dessert, lorsqu'il est concentré, liquoreux. Cela est si vrai qu'à Paris et à Londres on boit comme vin d'Alicante et de *Madère* une certaine quantité d'hydromel vieux. Du reste, ce vin factice n'en est pas moins une boisson fort saine et très-réconfortante, avantage que n'ont pas toutes les boissons factices.

Fabrication de l'hydromel. — Il s'agit ici de l'hydromel liquoreux, tel qu'on en use dans quelques localités, notamment dans le département du Nord. Chaque fabricant a sa recette particulière, qu'il se garde de communiquer. Mais je dois dire qu'on obtient

des résultats d'autant meilleurs qu'on opère
en grand et avec les mêmes miels, qu'on
possède les appareils nécessaires, et que
le lieu de fermentation est convenable.
Comme nous n'écrivons pas pour des industriels, mais pour de simples apiculteurs qui n'ont point l'intention de livrer
leur hydromel au commerce, nous ne nous
occuperons pas de la grande fabrication,
mais de celle que tout apiculteur peut im-
proviser.

Il faut mettre dans un chaudron de cuivre
le miel et l'eau nécessaires, c'est-à-dire un
demi-kilo de miel par litre et demi d'eau
pure; faire bouillir à petit feu, jusqu'à ré-
duction d'environ un tiers du liquide; avoir
soin d'enlever l'écume à mesure qu'elle se
forme, et veiller à ce que le feu soit régu-
lier et peu fort. Au bout de trois ou quatre
heures d'ébullition modérée, il faut verser
la boisson dans un cuvier, la laisser refroidir et la décanter. On l'entonne alors dans
un tonneau bien propre et sans mauvais
goût, que l'on a soin de bien emplir. On
place ce tonneau dans un lieu dont la température est de 15 à 20 degrés centigrades.
Au bout de deux ou trois jours la fermentation s'établit; elle est tumultueuse d'a-

bord ; mais au bout de quelques jours elle se calme, et l'on a soin de remplir le tonneau avec de la boisson que l'on a mise en réserve dans quelque cruchon. Après six semaines toute fermentation apparente est terminée, et l'on peut placer le tonneau dans un cellier ou dans une cave sèche. Quelquefois on provoque la fermentation en ajoutant un peu de levûre de bière ; mais cela n'est pas indispensable. On peut aussi modifier le goût de la liqueur en plaçant dans la chaudière quelques fleurs à arome prononcé, de la coriandre, de la cannelle, etc. Plus l'hydromel est vieux, plus il acquiert de qualité, lorsqu'il a été fait dans de bonnes conditions. On peut en user au bout de deux ou trois mois, mais il est alors très-sirupeux, sentant trop son origine. Au bout d'un an, il a pris un goût vineux très-agréable.

Jusqu'ici je n'ai parlé que de la boisson concentrée, liquoreuse, c'est-à-dire de la boisson de luxe, celle que l'impôt atteint. Je vais dire un mot maintenant de la boisson plus légère, de la véritable boisson des ménages, du *miod*, ainsi que l'ont baptisé les Scandinaves et que l'appellent encore les peuples du nord de l'Europe, qui le consomment en guise de cidre et de bière.

Le *miod*, autrefois très-consommé en France, n'y est pas tout à fait tombé en désuétude. Dans quelques localités où la culture des abeilles est développée, on en fabrique avec les résidus des cires grasses le plus souvent, et avec les eaux de cire fondue, qui laissent la plupart du temps beaucoup à désirer. Le nom qu'on donne à ces boissons locales rappelle du reste leur grande parenté avec le miod scandinave. Dans quelques cantons de la Bretagne on l'appelle *miolète*; en Sologne, *miocé*; en Anjou, *migodène*. Dans d'autres localités, on lui donne un nom qui rappelle moins son origine que ses qualités. Dans le Mans, on l'appelle *beuchet* ou *béchet*, de l'expression populaire bêcher, pour tourmenter, mettre sens dessus dessous. Dans les environs de Rennes, on l'appelle *chamillart* ou *chamaillart* (de chamailler), à cause de ses propriétés enivrantes. Dans quelques cantons de la basse Normandie, on l'appelle *chipéré*, parce qu'il est quelquefois mélangé avec le cidre, et qu'il est toujours consommé quand le cidre fait défaut.

Voici la manière de faire le miod avec les résidus des cires.

Lorsqu'on a extrait le miel des rayons, on place les résidus dans un baquet et on verse dessus de l'eau presque bouillante. On laisse macérer pendant quelques heures, après lesquelles on passe à travers un tamis. On fait ensuite bouillir la liqueur à petit feu, pendant deux ou trois heures, dans un vase de cuivre, en ayant soin d'enlever l'écume à mesure qu'elle paraît. On ôte du feu et on laisse refroidir pour transvaser dans un tonneau bien propre, que l'on emplit entièrement, et que l'on place, ouvert, dans un endroit sec et sain, dont la température ordinaire est de 15 à 20 degrés. Au bout de deux ou trois jours, la fermentation vineuse s'établit et dure environ trois semaines. Il faut avoir soin de remplir le tonneau à mesure que le liquide diminue. Au bout d'un mois, on peut boire à la pièce ou mettre en bouteille ; dans ce dernier cas, la boisson devient mousseuse comme le champagne et casserait les bouteilles si l'on n'avait soin de les relever. Afin d'avoir le liquide plus clair, on peut le soutirer et le coller comme le vin.

On fabrique aussi cette boisson à froid ; c'est-à-dire qu'après avoir versé l'eau chaude sur les résidus, on laisse macérer pendant vingt-quatre heures ; puis on décante et l'on entonne. La fermentation est beaucoup plus tumultueuse et la boisson clarifie moins que dans la manière d'opérer ci-dessus.

Les débris d'une ruche qui a donné 15 kil. de miel peuvent produire de dix à quinze litres de miod, selon que l'on a pressé plus ou moins fortement les cires et que l'on veut que la boisson soit forte.

Lorsque l'on se sert de miel coulé pour façonner le miod, on en prend un kilo par six, huit, dix ou douze litres d'eau et même davantage, selon la force que l'on veut donner à la boisson. On peut ménager la quantité de miel et la compléter par du sucre brut, ou de la cassonade. On peut aussi ajouter, au moment de la coction, des fruits, tels que groseilles, framboises, cerises, notamment des guignes, bigarreaux, merises, si c'est la saison. On obtient, par cette addition, une boisson de qualité supérieure. On peut encore y introduire quelques plantes, racines ou fleurs aromatiques, qui en modifient le goût.

Les Polonais, les Russes et les Danois ajoutent dans leur *miod* des plantes épicées, du poivre long, des bourgeons de sapin, etc., qui donnent de la dureté à la boisson et en changent complétement le goût.

Qualités et avantages des boissons au miel. — Les boissons au miel sont, je le répète, très-rafraîchissantes et très-alimentaires, et conviennent beaucoup aux travailleurs de la campagne qu'elles soutiennent et stimulent. Elles se conservent et ne tournent pas, au bout de peu de temps, à l'état acide et putride, comme le font la plupart des bières légères et des piquettes de plantes et de fruits macérés. Leur prix de revient est minime lorsque, pour les façonner, l'on emploie des miels inférieurs, ou qu'on les façonne avec des résidus qui ne sont pas utilisés. Dans les localités de production de miel de bruyères et de sarrasin, ce prix de revient varie entre 4 et 8 centimes le litre, pour un miod qui vaut assurément mieux que la bière et le cidre.

Mais je dois signaler un avantage bien autrement important que présentent les boissons au miel, c'est celui de ne rien distraire de nos aliments solides. Car les plantes qui fournissent le miel ne prennent pas, comme la vigne et le houblon, par exemple, un sol spécial, qui pourrait souvent produire des céréales ou des légumes ; elles poussent partout, notamment dans les landes, dans les forêts et sur les montagnes. La boisson au miel ne distrait pas non plus, comme la bière et le cidre, du grain et des fruits qui pourraient être consommés en aliments solides et empêcher la disette lorsque la récolte est médiocre. Le miel est abondamment fourni par les prairies naturelles et par les prairies artificielles, par des plantes cultivées et par des plantes sauvages, et ce n'est pas trop s'avancer que d'assurer qu'il peut être obtenu en quantité quadruple de ce qu'il l'est aujourd'hui en France ; c'est-à-dire en quantité suffisante pour produire une boisson alimentaire qui, sans avoir la prétention de détrôner le vin, ni d'empêcher la consommation du cidre et de la bière, ne doit pas moins contribuer pour une large part à étendre la somme de bien-être général.

J'appelle toute l'attention sur ces boissons, et je ne saurais trop engager à en façonner et à en user, parce qu'en même temps qu'elles offrent un aliment précieux elles procurent au miel, surtout au miel inférieur, un nouvel et important débouché.

Eau-de-vie de miel. — Le miel donne une quantité assez notable d'alcool. M. Payen a obtenu 11 degrés d'alcool d'un demi-kilo de miel. On peut obtenir, de la même quantité de miel, 1 litre 20 centilitres d'eau-de-vie à 22 degrés. Sur les lieux de production de miel à bon marché, cette eau-de-vie revient à peu près, tous frais faits, de 50 à 60 fr. l'hectolitre. Les eaux-de-vie de miel de bonne qualité ont aussi bon goût que les eaux-de-vie de la Rochelle et d'Armagnac. Celles obtenues de miel au goût prononcé, tel que celui de sarrasin, valent moins. Je regrette de ne pouvoir entrer ici dans les détails de la fabrication ; mon but est d'appeler l'attention des industriels sur les bénéfices qu'offre la fabrication de ce nouveau produit du miel.

Vinaigre de miel. — La fabrication des acides acéteux (vinaigre) avec des miels à bas prix assure aussi de beaux bénéfices, surtout lorsque les vinaigres de vin et de grain sont chers. On peut en obtenir de bons au prix de 15 à 20 centimes le litre, qui valent les vinaigres de vin. La fabrication des vinaigres de miel est peu dispendieuse et peut se faire par tous les apiculteurs. Il ne s'agit seulement que de faire aigrir le miod dont nous avons parlé plus haut. (Voir le *Manuel du vinaigrier* ou notre *Traité complet* pour la manière d'opérer.)

Mais, pour que l'économie domestique puisse largement profiter de toutes les ressources qu'offre le miel, il faut que partout l'on propage la culture du précieux insecte qui le butine ; il faut que toute habitation rurale, placée à proximité de bois et de bruyères, de prairies naturelles ou de prairies artificielles, de champs de sainfoin, de trèfle blanc, de mélilot, de colza, de sarrasin, etc., etc., il faut, dis-je, que toute habitation champêtre ait son rucher, comme elle a son poulailler et son clapier.

L'apiculture a cet avantage sur les autres branches de l'économie agricole qu'elle n'exige ni *engrais,* ni *labours,* ni *semence,* et qu'elle demande peu de capitaux. N'oublions pas non plus qu'elle est la plus agréable et la plus productive, lorsqu'elle est bien faite.

PETIT VOCABULAIRE D'APICULTURE

Un agriculteur distingué, M. Villeroy, exprimait dernièrement le vœu d'un *Vocabulaire de l'agriculture* [1], qui est encore à faire, et demandait que, dans l'intérêt des progrès de la science, les sociétés agricoles et les comices s'en occupassent le plus tôt possible.

Le vocabulaire de l'apiculture n'est plus à faire, mais il est à revoir; car des auteurs y ont introduit des expressions impropres, qu'il faut absolument élaguer si l'on veut voir la branche de l'économie rurale qui nous occupe sortir de l'ornière. *Les mots sont les images des choses*; partant, si ces

[1] *Journal d'agriculture pratique*, mars 1856.

mots sont impropres, les images sont fausses, et la lumière ne se fait pas.

Lorsque la chimie n'avait pas ses termes techniques, elle s'appelait l'alchimie et n'était pas une science, mais une *chose* confuse, sans queue ni tête, qui servait de grimoire aux sorciers.

J'avais pensé que la *Société centrale d'Apiculture* commencerait par là, et que dans son *Bulletin* et dans sa correspondance elle n'emploierait que des termes exacts, tout en laissant aux auteurs prévenus la liberté grande d'en faire à leur fantaisie dans leurs élucubrations particulières. Je me suis trompé de date seulement, car je suis convaincu qu'un jour elle nous donnera la *glossologie apicole*. En attendant, voici la liste des principaux termes techniques, suivie des expressions impropres.

ABEILLE, terme générique de l'*apis mellifica* des naturalistes ; insecte de l'ordre des hyménoptères, famille des mellites ou apiaires ; synonyme de mouche à miel. *Api* en italien, *abeja* en espagnol, *bee* en anglais, *biene* ou *imme* en allemand, *bij* en suédois, etc., dont le radical est *apex*, pointe, aiguillon.

ABEILLER, apiculteur, et rucher ; voyez ces mots.

ABEILLIÈRE, *abeillerie*, lieu où sont soignées des abeilles.

AIGUILLON, arme défensive de l'abeille ouvrière et de la mère.

ALVÉOLE, cavité des rayons qui sert de réceptacle à la nourriture des abeilles et de berceau à leur couvain ; synonyme de cellule.

ANESTHÉSIE, voyez *Asphyxie momentanée*.

ANTENNES, espèce de cornes mobiles placées sur la partie antérieure de la tête des abeilles.

APIAIRE ou *apiaride*, abeille, mouche à miel ; dans quelques localités *apette, avette, abette*.

APICULTEUR, cultivateur d'abeilles, exploiteur de mouches à miel.

APICULTURAL, *apicole*, qui concerne l'apiculture.

APICULTURE, culture des apiaires, art de soigner les abeilles.

APIER, et non *apié*, synonyme de rucher.

APIMANE, apiculteur ignorant et apiphile fanatique.

APIPHILE, celui qui aime, qui observe et qui propage les abeilles.

ARTICLES, parties des pattes de l'abeille.

ASPHYXIE MOMENTANÉÉ, mort apparente.

BARBE, *faire la barbe*, agglomération d'abeilles à l'extérieur de la ruche.

BATIS, voyez *Morine*.

BATTRE LE RAPPEL, agiter les ailes et produire un son particulier.

BOISERIE, bâton ou vergette placée dans les ruches.

BOUILLIE, nourriture préparée des larves.

BROSSE, partie des pattes couverte de poils.

BRUISSEMENT, voyez *Etat de bruissement*.

BUTIN, *picorée*, termes consacrés pour désigner le miel et le pollen ramassés par l'ouvrière.

BUTINEUSE, abeille ouvrière qui va ramasser le miel, le pollen et la propolis.

CADRE MOBILE, châssis intérieur disposé pour recevoir le gâteau des abeilles. *Cadre vertical, cadre oblique*, etc.

CALOTTE, dessus des ruches à deux divisions superposées ; synonyme de *capote, cabochon, couvercle*.

CAMAIL ou *masque*, affublement propre à éviter les piqûres.

CASE, hausse, petit compartiment.

CAZERET, calotte circulaire en boissellerie.

CELLULE, voyez *Alvéole*.

CÉRATOME, coupe-cire.

CHANT DE LA MÈRE, cri aigu que fait entendre la femelle adulte retenue prisonnière au berceau.

CHAPEAU, calotte en bois d'une ruche en paille.

CHASSE, action de chasser. Nom qu'on donne aussi à l'essaim chassé.

CHASSER LES ABEILLES, transvaser ; synonyme du vieux mot *saubeiller* (sauver les abeilles).

CIRE, corps gras, sécrétion des abeilles avec laquelle elles bâtissent leurs édifices. *Cire vierge*, cire non blanchie.

CIRIÈRE, ouvrière qui sécrète la cire et qui en édifie des cellules.

CLAIRE-VOIE, voyez *Plancher*.

CONSTIPATION, maladie des abeilles.

CORSELET, partie de l'abeille placée entre la tête et l'abdomen.

COUTEAU, rayon rempli de miel. Instrument pour extraire les rayons.

couvain, les abeilles au berceau, depuis l'œuf jusqu'à la nymphe.

décadence des ruches, état des ruches en désorganisation.

dyssenterie, flux de ventre, maladie des abeilles.

édifice des abeilles, voyez *Rayon*.

enfumoir, appareil pour enfumer et chasser les abeilles.

engourdissement, asphyxie momentanée ; voyez ce mot.

ennemis des abeilles, animaux qui attaquent ces insectes.

entrée, entrée des ruches, issue par laquelle les abeilles entrent et sortent de leur habitation.

espacement, distance entre les planchers ou les hausses.

essaim, colonie d'abeilles qui émigre. On donne aussi ce nom à une ruche peuplée. *Essaim naturel*, colonie d'abeilles qui émigre naturellement. *Essaim artificiel*, colonie que l'on forme artificiellement.

essaimage, action de la sortie des essaims.

essaimer, sortir en nombre pour former une colonie nouvelle.

ESTOMAC, s'entend plus particulièrement de la vessie dans laquelle l'abeille
rapporte le miel au logis.

ÉTAT DE BRUISSEMENT, situation des
abeilles tourmentées ; battement d'ailes
qui produit un grand bruit.

ÉTOUFFAGE, action stupide de tuer les
abeilles par le soufre.

FAUSSE-TEIGNE, voyez *Teigne*.

FAUX-BOURDON, nom que l'on donne au
mâle.

FAUX-COUVAIN, ou *couvain pourri*, maladie contagieuse qui se déclare quelquefois dans le couvain.

FEUILLET, *ruche à feuillets* ou à divisions
verticales, n'ayant qu'un rayon par division ou feuillet. Cadre extérieur.

FLEURS EN TÊTE, étamines d'orchidées
fixées sur les poils de la tête de l'abeille.

FUMER LES RUCHES, leur projeter de la
fumée.

GATEAU, rayon qui contient du couvain.

HAUSSE, partie de la ruche à plus de
deux divisions superposées ; simple partie
que l'on place sous la ruche vulgaire. Por-
tion de ruche.

HYDROMEL (eau et miel), boisson liquoreuse au miel.

HYMÉNOPTÈRES, insectes à quatre ailes (deux paires).

LARVE, œuf de l'abeille transformé en ver.

MALADIE DES ABEILLES, voir *Constipation, Dyssenterie, Vertige*, etc.

MALE, ou faux-bourdon, une des trois sortes d'abeilles qui peuplent la ruche.

MANDIBULES, dents des abeilles.

MARIER LES ESSAIMS, en réunir plusieurs dans une même ruche.

MÉLITOME, coupe-miel ; couteau recourbé, le plus souvent, qui sert à récolter les ruches.

MELLIFÈRE, *mellifique, mellite*, qui a rapport au miel.

MELLIFICATEUR, sorte de boîte pour égoutter le miel.

MÈRE ABEILLE, femelle dont les ovaires sont développés, et qui accomplit les fonctions de mère.

MIEL, substance sucrée et visqueuse sécrétée par les fleurs et fournie aussi par des pucerons. *Honey* en anglais, *honig* en allemand, *mele* en italien.

MIELLÉE ou *mielat*, miel sécrété par les feuilles et par les tiges herbacées de quelques plantes.

MIOD, boisson légère au miel. *Med* en allemand, *miodki* en polonais, *caposka* en russe.

MOISISSURE, affection qui atteint les rayons des ruches placées dans un lieu humide.

MONTAGE, synonyme de transvasement. *Faire monter les abeilles*, les faire passer d'une ruche dans une autre.

MORINE, ou *mortaine*, ruche dont les abeilles sont mortes et dont les rayons constituent ce qu'on appelle un *bâtis*.

MOUCHE A MIEL, nom vulgaire de l'abeille.

NECTAR, nom du miel lorsqu'il est dans le nectaire des fleurs.

NOURRICEUR, appareil ou vase pour nourrir les abeilles.

NOURRICIÈRE, ouvrière qui s'occupe de butiner et d'alimenter les larves.

NOURRISSEMENT, action de nourrir les abeilles.

NYMPHE, nom donné au couvain qui a filé sa coque soyeuse, dans laquelle il reste immobile.

ŒUF, couvain à la première période.

OPERCULE, couvercle de cellule pleine de miel ou contenant une nymphe.

OPERCULÉ, couvert.

OUVRIÈRE, *abeille ouvrière*, femelle dont les ovaires sont atrophiés.

OVAIRE, organe ou filament qui renferme des œufs.

PALETTE, ou *corbeille*, partie large et déprimée qui s'aperçoit aux jambes postérieures de l'ouvrière, et qui reçoit les pelotes de pollen et de propolis.

PANIER, nom que l'on donne quelquefois aux ruches, notamment à celles en bois clissés.

PIED DE CIRE, dessous du pain de cire, dépôt.

PILLAGE, action des abeilles enlevant furtivement le miel des ruches autres que la leur.

PIQURE, douleur causée par l'aiguillon.

PLANCHER, cloison ou fermeture à la partie supérieure de chaque partie de ruche. *Plancher à claire-voie*, formé de planchettes distancées.

POLLEN, poussière de l'anthère des fleurs que les abeilles rapportent à leurs pattes.

POU, parasite assez gros qui s'attache aux abeilles des ruches pauvres, malpropres et en décadence.

POURJET, sorte de mortier, composé le

plus souvent de bouse de vache, de cendre et d'argile, dont on se sert pour sceller les ruches et boucher les issues inutiles.

PROPOLIS, matière résineuse dont se servent les abeilles pour attacher leurs rayons et pour calfeutrer leur ruche.

RAYON, réunion d'alvéoles qui constitue l'*édifice des abeilles.*

RAYON MOBILE, planchette mobile, quelquefois armée de montants, à laquelle les abeilles appendent leur rayon.

RÉCOLTER, ou *dépouiller les ruches*, enlever le miel et la cire qu'elles contiennent.

REJETON, ou *reparon*, essaim sorti d'un essaim de l'année, qu'on appelle quelquefois *jeton*. Dans quelques localités on donne le nom de *Virginie* au rejeton.

ROUGET, .pollen altéré, le plus souvent rougeâtre.

RUCHE, on donne ce nom au logement des abeilles et aussi à l'essaim qu'il contient.

RUCHE MÈRE, colonie d'abeilles qui a essaimé ; on l'appelle quelquefois *souche.*

RUCHER, lieu où sont placées les ruches; *apier, abeiller.*

RUCHETTE, petite ruche en forme de calotte qui se place sur une plus grande.

RUCHOMANE, amateur de ruches, qui a un faible pour tel ou tel système.

SPHYNX, papillon tête-de-mort, un des ennemis des abeilles.

STIGMATE, ou *trachée*, organe respiratoire des abeilles.

SURTOUT, paillasson, chemise ou chape qui sert à couvrir et à abriter les ruches.

TABLIER, *tablette*, partie sur laquelle est posée la ruche ; *siége*.

TAILLE DES RUCHES, récolte partielle des ruches.

TAILLER LES RUCHES, pratiquer la taille.

TEIGNE, ou *fausse-teigne*, chenille d'un petit papillon qui va pondre dans les ruches ; ennemi redoutable des abeilles.

TIROIRS, cadres verticaux ou horizontaux d'une sorte de ruches.

TOIT, *toiture*, partie supérieure des ruches coupées horizontalement ou obliquement.

TRANSVASEMENT, action de transvaser.

TRANSVASER LES RUCHES, en faire sortir les abeilles et les faire entrer dans une autre.

TRAVAUX DES ABEILLES, leurs édifices, l'emmagasinement du miel, l'éducation du couvain, etc.

TROMPE, organe de la bouche de l'abeille qui sert à laper le miel.

VENTILER, donner de l'air.

VENTRE, ou *abdomen*, partie postérieure du corps de l'abeille qui renferme le double estomac, les organes intestinaux, l'aiguillon et la vessie qui l'alimente.

VER, voyez *Larve*.

VERTIGE, maladie qui affecte les abeilles.

VOYAGE DES RUCHES, leur transport, action de les mener au pâturage. Apiculture pastorale.

EXPRESSIONS INEXACTES ET IMPROPRES

QU'IL FAUT REJETER.

Abeillon pour essaim.

Alvéole royal, pour alvéole maternel, alvéole de femelle.

Bourdon, frelon. Dites : faux-bourdon.

Cataracte, pour opercule, couvercle.

Chant de la reine, pour chant de la mère, chant de la femelle.

Châtrer les ruches ; cette expression ne rend pas bien l'idée d'une récolte partielle; dites : tailler les ruches.

Couper les abeilles, pour tailler les ruches.

Couveuse, soldat, termes impropres donnés au mâle par d'anciens auteurs.

Dégraisser, pour tailler les ruches.

Education des abeilles, éducateur d'abeilles. On ne fait pas l'éducation des abeilles, attendu qu'on n'aide pas à leur développement physique ou intellectuel. On peut

6.

faire l'éducation des apiculteurs pour leur instruction. Les abeilles font l'éducation du couvain.

Eleveur d'abeilles, élève des abeilles, *élevage*, etc. On élève des veaux, des canards, des sangsues, etc., mais l'on soigne et l'on exploite des abeilles ; on gouverne les essaims. Ces expressions *éleveur, éducateur, engraisseur, nourrisseur* d'abeilles, ne valent pas mieux l'une que l'autre.

Endormir, assoupir, étourdir les abeilles par la fumée, pour les asphyxier momentanément. L'éther et le chloroforme les assoupissent.

Gouvernement, monarchie, république des abeilles, expressions métaphoriques des poëtes. L'abeille vit en *famille* ou *communauté*, et, comme individu, ne connaît ni le possessoire, ni le pétitoire, ni les conséquences qui en découlent.

Matière à cire, pour pollen.

Mulet, neutre, pour ouvrière.

Pain des abeilles, ambroisie, etc., destination fausse qu'on a donnée au pollen.

Panser les abeilles, pansement, pour *nourrissement* (donner de la nourriture aux abeilles), expressions fausses dues à un médecin apiculteur.

Petite-hollandaise, petite-flamande, nom que des auteurs donnent à une espèce particulière, prétendent-ils, de notre abeille domestique. Comme il n'y a en France qu'une espèce d'abeilles, cette dénomination distinctive n'a nullement sa raison d'être [1].

Reine, reine des abeilles, reine mère, autrefois roi, chef, expressions conservées dans quelques localités. Les auteurs anciens, dit Bosc, se sont mépris très-grossièrement sur la destination des abeilles. Voyant qu'il y avait un ordre admirable dans la société de ces insectes laborieux, et un seul individu différent des autres, ils ont supposé que cet individu était un *roi,* dont les mâles étaient les *soldats,* et les ouvrières les *sujets.* On ne voit pas sans peine des auteurs modernes conserver le nom de *reine* à la *mère,* nom tout aussi impropre et tout aussi absurde que celui de *roi.* J'ajouterai que, pour être conséquents avec eux-mêmes, ces graves auteurs devraient, selon le régime sous lequel ils vivent et les *sujets* pour lesquels ils écrivent, appeler la mère abeille *présidente, impératrice, sultane, cza-*

---

[1] Voir notre petit ouvrage sur les *Espèces d'a-beilles.*

rine!... La femelle développée d'une colonie d'abeilles pond et ne règne pas.

Robe, nom ridicule donné au surtout.

Rougeole, pour rouget.

Sifflet, pour alvéole maternel.

Sujet, nom métaphorique que les apiculteurs poëtes donnent à l'ouvrière.

Traverser les ruches, pour les transvaser et les tailler.

Vendanger les ruches. On vendange les vignes et non les ruches.

Nota. La plupart des figures qui entrent dans ce petit Traité ont été copiées sur notre *Tableau d'apiculture*; mais l'ayant été à notre insu par l'Administration du *Nouveau journal des Connaissances utiles*, pour lequel nous avons rédigé un article Abeille, elles laissent à désirer sous le rapport de l'exactitude et du fini. Nous espérons cependant qu'elles seront comprises.

Le Cours public et gratuit d'apiculture que nous professons au jardin fruitier du Luxembourg est, autant que notre faible savoir nous le permet, la continuation de l'œuvre de Lombard; il a lieu du 1er avril au 15 mai, deux fois par semaine, le mercredi et le samedi, à huit heures et demie du matin.

TABLE DES MATIÈRES.

IV.

V.

VI.

FIN DE LA TABLE.

Extrait du Catalogue de la librairie centrale d'Agriculture
et de Jardinage.

AUGUSTE GOIN, ÉDITEUR,

QUAI DES GRANDS-AUGUSTINS, 41.

—

AGRICULTURE.

L'AGRICULTEUR PRATICIEN, *Revue de l'agriculture française et étrangère*, paraissant les 10 et 25 de chaque mois, par livraison de 24 pages, avec gravures dans le texte, 3e année, prix de l'abonnement.

6 fr.

Les abonnements datent du 1er octobre de chaque année.

La 1re et la 2e année, ensemble. 10 fr.
Chaque année séparément. 6 fr.

ALMANACH DU FERMIER. In-18, fig. 50 c.

DES CULTURES DÉROBÉES comme fourrages et engrais verts en général, et de la culture de la *Moutarde blanche* en particulier, trad. de l'anglais et annoté par J. A. G. 1 vol. in-18 avec fig. (SOUS PRESSE.)

DES ENGRAIS en général et spécialement de la manière de traiter les fumiers et le purin pour en conserver toute la valeur fertilisante, suivi de la manière de traiter les matières fecales, par M. GREFF. In-8°. 40 c.

DES ENGRAIS, ou l'Art d'améliorer les plus mauvaises terres par les amendements et les engrais de toute nature, par DUCOIN. In-18. 1 fr. 25 c.

MANUEL D'IRRIGATION, par DEBY. In-18, 100 fig. 1 fr. 50 c.

PETIT TRAITÉ DES IRRIGATIONS, par James DONALD, traduit par A. DE FRARIÈRE. In-18 avec fig. 50 c.

LA LAITERIE, suivi de la fabrication des fromages, par A. DE THIER. 1 vol. in-18 avec figures. 75 c.

ALCOOLISATION DES TIGES DU MAIS ET SORGHO SUCRÉ. ALCOOL. — CIDRE. — BIERE. — VINS ARTIFICIELS, par DURET, chimiste. In-18. 75 c.

DU MAIS, de sa culture et des divers emplois dont il est susceptible, par KEENE et A. DE THIER. In-18.
30 c.

GUIDE DE L'ÉLEVEUR ET DE L'ENGRAIS- SEUR DE MOUTONS, par J.-J. LEGENDRE, pro- priétaire-cultivateur, 1 vol. in-18.
1 fr.

DE L'ÉTABLISSEMENT DES PORCHERIES, dispositions diverses, construction, par J. GRAND- VOINNET, professeur de génie rural à Grignon. 1 vol. in-18, avec un grand nombre de figures dans le texte. (SOUS PRESSE.)

DU TRAITEMENT DES PORCS aux différentes époques de l'année, en santé et maladie, etc. Extrait des meilleurs ouvrages anglais, par J.-A. G. 1 vol. in-18 avec 30 figures dans le texte.
1 fr. 25.

DU TOPINAMBOUR. Culture, alcoolisation, pa- nification de ce tubercule, par DELBETZ, cultivateur, 1 vol. in-18.
2 fr.

MANIÈRE LA PLUS PROFITABLE D'ÉLEVER LES VERS A SOIE, et sur les moyens de prévenir et guérir la muscardine, par le docteur BASSI, traduit de l'italien, par F. CAZALIS, médecin. In-8°.
1 fr.

NOUVEAU JOURNAL

DES

CONNAISSANCES UTILES

ENCYCLOPÉDIE MENSUELLE

Industrie, Agriculture, Horticulture, Sciences et Arts, Economie, Histoire, etc., etc.

Orné de gravures dans le texte

SOUS LA DIRECTION

DE M. JOSEPH GARNIER,

Professeur à l'Ecole impériale des ponts et chaussées, etc.

PRIX, 7 FR. 50 PAR AN

Bureaux: rue de Provence, 3, à Paris.